衛星測位入門

―GNSS測位のしくみ―

西 修二郎 著

技報堂出版

書籍のコピー,スキャン,デジタル化等による複製は,
著作権法上での例外を除き禁じられています。

はじめに

　GNSSとは，地上あるいは宇宙空間において衛星を使って位置を決定するシステムである．GNSSとして現在実用化されているのはアメリカのGPSとロシアのGLONASSである．数年以内にはEUの開発しているGalileoが使えるようになるであろう．これらはまとめてGNSSと呼ばれている．本書はこのGNSSの入門書である．このうち主にGPSに焦点をあてて，GNSSで何故位置が求まるのか，その仕組みを解説したものである．

　GNSSの登場により位置の決定は大きく変わった．従来，地球上における位置は，測距儀による距離観測，あるいはトランシットによる角度観測を地上で行うことで決定された．測距儀が届く範囲，あるいはトランシットで見えるある限定した範囲でしか位置決定はできなかったがGNSSの登場により，限られた地域だけではなく地球上グローバルに位置が決定できるようになったのである．
　これは位置決定の歴史における革命的な変化である．その測位の簡便さから車のカーナビや携帯電話に組み込まれ，デジタル地図と一緒に現在地を簡単に調べられる時代になった．また専門的にはその測位精度の高さからさまざまな測量や地殻変動検出等の科学的研究に利用されている．日本はこの衛星測位システムの巨大ユーザーである．
　現在ほとんどの携帯電話や車にはGPSが標準装備として搭載されている．また日本の国土の隅々には電子基準点と呼ばれる常設のGPS連続観測点が千箇所以上設置されており，位置に関する国家基準点として機能している．この電子基準点データを利用して全国どこでもリアルタイムにセンチレベルで測位が可能な測量システムも現在構築されており，それに基づく測位サービスも行われている．
　このように日本において位置決定の根幹をなすGNSSであるが，現在大部分

のユーザーにとって GNSS はブラックボックスである。カーナビや個人ナビユーザーにとってはそれでもよいが，測量や精密測位に携わる技術者には，その測位原理を学び，何故位置が求まるのか，求まる位置座標はどのようなものなのかについて理解しておくことは不可欠のことであろう。

本書はこのような技術者，学生に GNSS の測位原理を出来るだけ分りやすく解説した入門書である。第 1 章では概要を，第 2 章では測位原理を説明した。第 3 章は測位の誤差について記述した。第 4 章は応用としてより高度な測位について記述した。第 5 章は測位の基となる座標系について説明した。第 6 章ではこれからの GNSS について記述した。最後に附章として測位原理の理解に欠かせない最小二乗法と行列について記述した。

平成 28 年 2 月

つくばにて　　西　修二郎

目　　次

第1章　衛星測位システム———————————————1

1.1　GPSの歴史··1
1.2　GPSの概要··2
1.3　GPS衛星の信号··4
　　1.3.1　航法メッセージ······································5
　　1.3.2　信号の変調···6
　　1.3.3　スペクトル拡散変調··································8
　　1.3.4　信号の復調··10
1.4　GPS衛星の位置の決定······································14
　　1.4.1　ケプラー運動······································14
　　1.4.2　ケプラー軌道の補正································20
　　1.4.3　GPS衛星位置の計算·································21

第2章　衛星測位のしくみ———————————————25

2.1　GPS測位の概要··25
2.2　コード擬似距離観測··27
2.3　単独測位による位置決定····································29
　　2.3.1　単独測位の観測方程式と最小二乗解····················30
　　2.3.2　単独測位の精度とDOP·······························32
2.4　位　　相··34
2.5　位相擬似距離観測··35
　　2.5.1　相対測位による位置決定·····························38
　　2.5.2　相対測位の観測方程式と最小二乗解····················41

2.5.3 整数値アンビギュイティー ･････････････････････････････････44

2.6 RTK（リアルタイムキネマティック）測位 ･･･････････････････46

第3章 衛星測位の誤差 ─────────────────────49

3.1 GPSの誤差 ･･49
　3.1.1 衛星軌道誤差 ･･････････････････････････････････････49
　3.1.2 衛星時計誤差と受信機時計誤差 ･･･････････････････････50
　3.1.3 電離層と大気圏の伝播遅延誤差 ･･･････････････････････50
　3.1.4 マルチパス誤差 ･･･････････････････････････････････51
　3.1.5 アンテナ位相中心変動（PCV）誤差 ････････････････････51

3.2 電離層の影響　概要 ･･･････････････････････････････････････52
　3.2.1 位相速度と群速度 ･････････････････････････････････54
　3.2.2 電離層遅延 ･･･････････････････････････････････････56
　3.2.3 Klobucharモデル ･････････････････････････････････58
　3.2.4 二波長観測による電離層遅延の消去 ･･･････････････････60

3.3 対流圏の影響　概要 ･･･････････････････････････････････････61
　3.3.1 Hopfieldモデル ･･･････････････････････････････････62

第4章 高度な衛星測位 ──────────────────────65

4.1 基本観測式 ･･･65
4.2 精密単独測位PPP ･･･67
4.3 ネットワーク型RTK ･･･････････････････････････････････････68
　4.3.1 ネットワーク型RTKでの誤差の推定 ･･････････････････70

第5章 衛星測位の座標系 ─────────────────────73

5.1 GPSの座標系（WGS84）･･････････････････････････････････73
5.2 日本の測地基準系 ･･･75

5.3　測地座標 ･･ 77
　5.4　日本の標高 ･･･ 78
　5.5　時間のシステム ･･･ 80

第6章　GNSSのこれから ─────────────── 83

　6.1　GPS近代化計画 ･･ 83
　6.2　GPS近代化の意義 ･･ 84
　6.3　グロナス（GLONASS）･･･････････････････････････････････ 85
　6.4　ガリレオ（Galileo）･････････････････････････････････････ 87
　6.5　準天頂衛星システム（QZSS）････････････････････････････ 90

附　章 ─────────────────────── 93

A　行　列 ･･･ 93
　A.1　行列の基礎 ･･･ 93
　A.2　行列の演算 ･･･ 94
　A.3　いろいろな行列 ･･･ 96
　A.4　行列の微分 ･･･ 99

B　最小二乗法 ･･ 102
　B.1　概　要 ･･ 102
　B.2　最小二乗の条件 ･･ 104
　B.3　最小二乗法の定式化 ････････････････････････････････････ 106
　B.4　解の精度 ･･ 109
　B.5　まとめ ･･ 111

第1章　衛星測位システム

1.1　GPSの歴史

　米国でGPSと呼ばれる航法衛星システムの開発が本格的に始まったのは1970年代であるが，これには1960年代に行われた2つの衛星システムの開発が大きな貢献をしている．ひとつはTRANSITと呼ばれた2次元の航法システムである．TRANSITは，非常に安定した無線信号を送信する7つの低高度極軌道衛星と，これらの衛星を追跡する数箇所の地上管制局，衛星軌道要素を計算するセンターからなっていた．TRANSITは，実用的な衛星航法システムのさきがけとなったシステムであったが，連続した測位ができないことや測位精度が低いといった欠点も抱えていた．もうひとつは，TIMATIONとよばれた衛星システムである．TIMATIONでは，初めて原子時計が搭載された2つの実験衛星が打ち上げられ，衛星軌道の予測精度を改善するのに大きな貢献があった．このような航法衛星の開発・実験を経て，米国防総省（DoD）は，1973年に統合計画本部（JPO）を設置し，本格的な航法衛星システム：GPSの開発をスタートさせた．その開発のコンセプトは，①船舶，航空機等の移動体での利用，②全世界24時間の常時利用，③瞬時の測位，④軍用と民生用の2種類のサービス，ということであった．これらを満たすための答えが，現在のGPSに見られる24衛星による配置や，原子時計に同期したコード信号を使った衛星−受信機間の距離測定による測位という方式であった．2機の実験衛星による確認の後，1978年に最初のGPS衛星が

打ち上げられた。初期の GPS 衛星はブロック I と呼ばれるタイプの衛星で、このタイプは 1985 年まで 11 機打ち上げられ、1989 年からは、機能を強化されたブロック II タイプの衛星の打ち上げが始まった。1993 年には計画の 24 個衛星が稼動するようになり、GPS は完全運用されるようになった。

ブロック I 衛星はすでに機能停止しており、現在稼動しているのはブロック I に相互通信機能を付加したブロック II A と、さらに衛星間追跡機能を加えたブロック II R、新しい周波数を加えたブロック II F である。

今後 GPS 衛星は、米国の進める GPS 近代化計画に沿ってブロック III と呼ばれる新しい信号、周波数を備えた次世代の衛星に切りかわっていく予定である。

1.2 GPS の概要

GPS（Global Positioning System）は、地球を周回する GPS 衛星群とそれらを地上でコントロールする管制局群とで構成されている。

GPS 衛星群は、24 個の衛星が赤道面に対して 55°の傾きをもつ 6 つの軌道面に、それぞれ 4 衛星づつ配置された構成になっている。各軌道面は、衛星が南から北へ赤道面を横切る点の赤経が 60°ずつずれるようにしてあり、それぞれ（A, B, C, D, E, F）の記号が付けられている。衛星は、軌道半径約 26 560 km の概略円軌道（これは地表面からの高度でいうと約 20 200 km になる）を約 12 時間の周期で回っている。これらの衛星配置により、地球上どこでも GPS 衛星が常に 4 衛星以上同時に観測できるようになっている。この他に予備の衛星も打ち上げられており、現在約 30 衛星が稼動している。

管制局群は、世界中に配置された GPS 衛星の追跡観測網で構成されている。赤道に近い全世界 5 ヵ所の監視局の観測データを基に、米国コロラドにある主管制局で GPS 衛星の軌道を計算・予測し、その結果は地上管制局のアンテナから GPS 衛星に送られる。

GPS 衛星には、精密な原子時計とコンピュータで制御された電子機器、送信機が搭載されており、原子時計に同期した信号と、地上管制局から送られてきた軌道情報を含む航法メッセージが、搬送波に載せられて地上に向けて送信されている。

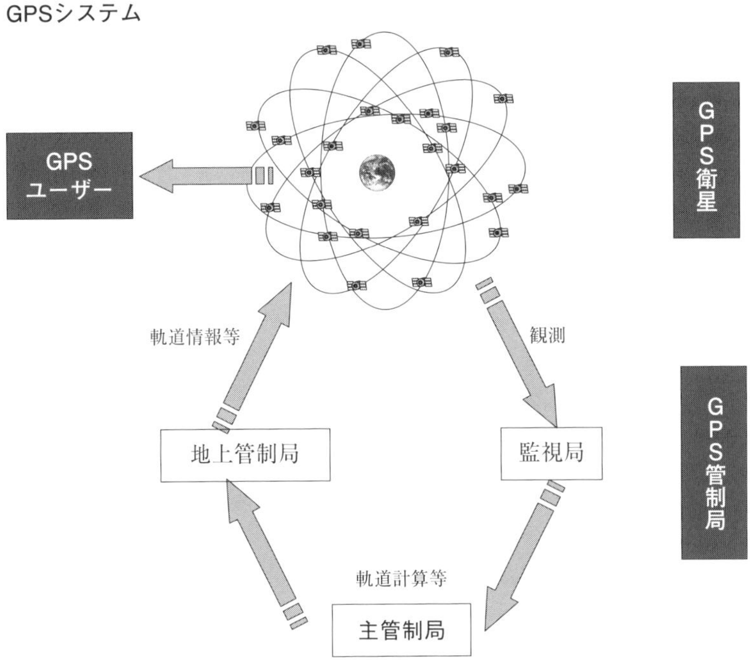

1.2 GPSの概要

GPSシステム

地上管制局 ←軌道情報等← GPS衛星 →観測→ 監視局

地上管制局 ←— 主管制局 ←軌道計算等— 監視局

GPS衛星 / GPS管制局 / GPSユーザー

図-1.1 GPSシステム

GPSの管制―管制局配置

コロラドスプリングス、フロリダ、ハワイ、アセンション、ディエゴガルシア、クェゼリン

図-1.2 GPSの地上管制局

3

地上の GPS 受信機では，GPS 衛星からの信号を受信することにより，送られてきた航法メッセージを復調解読するとともに，受信機と GPS 衛星の間の距離観測が行われる。このような観測を多くの GPS 衛星について行い，得られた衛星 – 受信機間距離と航法メッセージの情報から受信機の位置が計算されるようになっている。

1.3 GPS 衛星の信号

GPS 衛星からは測位に必要な信号と情報が，2 つの L バンド搬送波 L1，L2 に載せられて放送されている。信号を搬送波に載せるための変調方式としては，0 か 1 で表されているデジタル信号が変化したときに搬送波の位相が 180°変わる 2 位相変調が使われている。すべての GPS 衛星は同じ周波数の L1, L2 搬送波を使っているが，変調に使われる信号（コード）は衛星ごとに異なっており，衛星を識別し信号の干渉を小さくする工夫がなされている。

信号には，擬似雑音符号（PRN）とよばれる 2 種類のコード，C/A コードと P コードが使われている。各コードは衛星ごとに割当てられており，衛星の識別にも使われている。P コードは軍専用のコードで，一般に使えるのは民生用の C/A コードだけである（正確には，P コードはその内容が一般に漏れてしまったためそのままでは使われなくて，秘匿性を高めるため非公開の W コードを掛け合わせた Y コードに変換されて使われている）。L1 搬送波には 2 種類のコード，C/A コード，P コードと衛星の軌道情報等を含んだ航法メッセージが載せられており，L2 搬送波には P コードと航法メッセージのみが載せられている。

これらの信号や搬送波は，GPS 衛星に搭載された原子時計で，その周波数が精密にコントロールされている。GPS 衛星の周波数標準器で最初に基本周波数 10.23 MHz の波をつくり，L1，L2 の搬送波はこれをそれぞれ 154 倍，120 倍することで，また C/A コード，P コードは 1/10 倍，1 倍することでそれぞれつくり出されている。

図-1.3 にこれら信号の様子を示す。

搬送波の波長は，L1 で 19.0 cm，L2 で 24.4 cm である。

航法メッセージは，放送暦とも呼ばれる GPS 衛星の位置を表す情報である。

1.3 GPS 衛星の信号

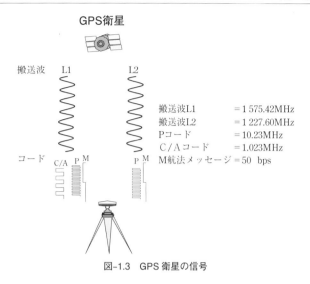

図-1.3 GPS 衛星の信号

搬送波L1　＝1 575.42MHz
搬送波L2　＝1 227.60MHz
Pコード　　＝10.23MHz
C/Aコード　＝1.023MHz
M航法メッセージ＝50 bps

この中には，GPS 衛星の位置計算に必要な軌道要素とその補正量や衛星時計の補正情報等が含まれている。

1.3.1 航法メッセージ

航法メッセージは，図-1.4 に見られるようなフレーム構造の形で GPS 衛星から送信されている。

最小フレームであるサブフレームは，300 ビットの情報で構成されており，5つのサブフレームからなるメインフレームは，1 500 ビットの長さである。メイ

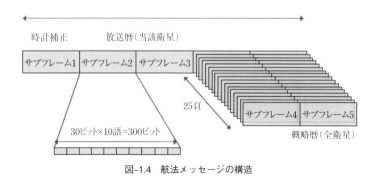

図-1.4 航法メッセージの構造

ンフレーム中，サブフレーム4とサブフレーム5は順次内容が交代する形で放送され，25回繰り返された後もとにもどる。これら全体はマスターフレームと呼ばれている。航法メッセージのビット率は50 bpsであるから，1500ビットのメインフレームを受信するのには30秒かかる。したがって，メインフレームが25回繰り返されるマスターフレームを受信するのには12分30秒必要になる。

　サブフレーム1にはGPS週番号，衛星の動作状態，衛星時計の補正係数等が含まれている。サブフレーム2と3には放送暦（ephemeris）と呼ばれている当該衛星の軌道情報が含まれている。サブフレーム4には，電離層遅延補正計算のためのパラメータや概略暦（almanac）と呼ばれている全衛星の軌道情報が，またサブフレーム5には，1番目から24番目までの衛星の概略暦がそれぞれ含まれている。放送暦は，4時間ごとに内容が更新されており，測位計算に使われる軌道情報である。一方概略暦は6日ごとにしか更新されず精度は低いが，すべての衛星の概略位置を簡便に計算することができ，衛星の視界図作成等に使われる。

　これら航法メッセージのフレームに含まれるデータの詳細な形式については，米国防総省のICD（Interface Control Document）文書として公開されており，Webでも入手できる。

1.3.2　信号の変調

　GPS衛星から，GPSの航法メッセージやコードの情報が電波（搬送波）に載せられて送りだされる。一般に情報を電波に載せることを変調と呼んでおり，情報を電波から取り出すことを復調と呼んでいる。この様子を模式的に示すと図-1.5のようになる。

　GPSの場合は2段階で変調，復調が行われる。まず変調から見て行こう。最初に搬送波とコードをミキサーと呼ばれる混合器にいれ，さらにこれに航法メッセージを入れる。ミキサーの役割は，数学的には2つの波を掛け合わせることである。搬送波を $a \cdot \sin(2\pi ft)$ とし，航法メッセージとコードをそれぞれ $D(t)$，$C(t)$ で表せば，ミキサーを出た後の波は $C(t) \cdot D(t) \cdot a \cdot \sin(2\pi ft)$ で表される。これがGPS衛星から送信される。

　変調に使われるコードと航法メッセージは，図-1.7で示すように0と1にデジタル化された信号である。これと搬送波を掛け合わす場合，0であれば1を，1の

1.3 GPS衛星の信号

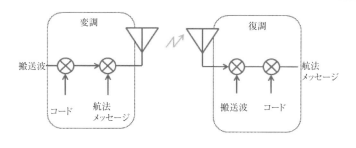

図-1.5 GPS情報の変調と復調

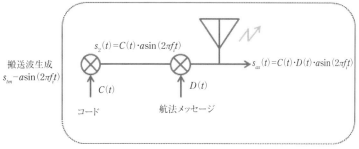

図-1.6 GPS情報の送信

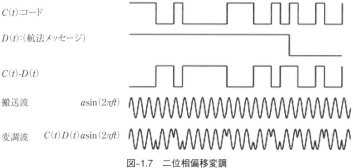

図-1.7 二位相偏移変調

場合は−1を掛けることにすれば，変調波は $a \cdot \sin(2\pi ft)$ か $-a \cdot \sin(2\pi ft)$ の形の波になる。$a \cdot \sin(2\pi ft)$ であれば，搬送波は変化せず，$-a \cdot \sin(2\pi ft)$ であれば，搬送波の形は反転する。位相で見れば，これは位相が180°ずれることに相当する。このように，搬送波の位相を変化させる変調のことを位相変調と呼んでいる。GPSの場合は，位相を180°変化させる変調であり，二位相偏移変調と呼ばれている。図-1.7のように，デジタル信号が変化するとき搬送波が反転した形になっている。

1.3.3 スペクトル拡散変調

この信号の変調を周波数の面から見てみよう。

搬送波 $a \cdot \sin(2\pi ft)$ を信号 $p(t)$ で変調したとすると，変調波は数学的には $a \cdot p(t) \cdot \sin(2\pi ft)$ と信号と搬送波の積で表すことができる。今，信号 $\sin(2\pi f_i t)$ で周波数 f の搬送波 $a \sin(2\pi ft)$ を変調する場合，変調波 $a \cdot \sin(2\pi f_i t) \cdot \sin(2\pi ft)$ は，三角関数の積和公式を使うと

$$a \cdot \sin(2\pi f_i t) \cdot \sin(2\pi ft) = \frac{a}{2}\left(\sin(2\pi(f - f_i)t) - \sin(2\pi(f + f_i)t)\right)$$

と書き表せる。この式は，周波数 f の搬送波を周波数 f_i の波で変調すると，周波数 $f-f_i$ の波と周波数 $f+f_i$ の波ができることを示している。

このことを頭にいれて，デジタル信号で搬送波を変調する場合を考えよう。

デジタル信号は，矩形をしており，周期 τ の矩形信号のスペクトル図は，**図-1.8** のようになる。矩形デジタル信号の中で卓越しているのは，周波数が $0 \sim f_p \left(= \dfrac{1}{\tau}\right)$ の波である。

このことと周波数 f の搬送波を周波数 f_i の波で変調した場合，周波数 $f-f_i$ の波と周波数 $f+f_i$ の波になるということを考慮すると，周波数 f の搬送波を矩形デジタル信号で変調すると，矩形デジタル信号の中で卓越している周波数 $0 \sim f_p$ の波に影響されて，変調波で卓越するのは周波数が概略 $f-f_p$ から $f+f_p$ までの波であるということが理解できるであろう。この場合の変調波のスペクトルは，**図-1.9** のようになる。このように，矩形デジタル信号で変調することにより単一の周波数をもつ搬送波が，ある広がりをもつ周波数の波に変えられることになるのである。スペクトル拡散という名前もここに由来する。

1.3 GPS衛星の信号

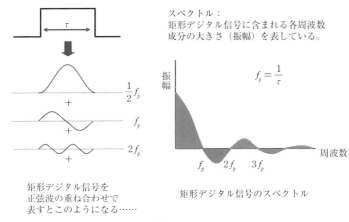

図-1.8 矩形デジタル信号のスペクトル

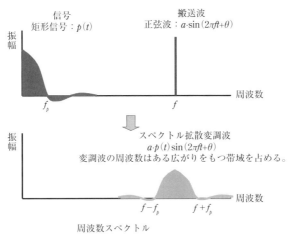

図-1.9 スペクトル拡散変調

　このようなスペクトル拡散変調には，大きな利点がある。ひとつは，スペクトル拡散変調が，ノイズや他の通信電波の影響を受けにくいことである。スペクトル拡散変調を行うことにより GPS 衛星からの電波のスペクトルが広がり，電波のエネルギーがこの広がったスペクトル幅の中に拡散され薄められてしまう。このため単位周波数あたりのエネルギーは非常に小さくなり，多数の GPS 衛星からの電波が同じ周波数帯にあっても相互に干渉しないのである。ふたつめは，ス

ペクトル拡散変調が情報の秘匿性に優れていることである。スペクトル拡散変調された電波を受信して特定の GPS 衛星からの信号を取り出すためには，この後で説明するように，変調に使われるコード信号の相関を利用した逆拡散と呼ばれる同期操作が必要になる。コード信号の相関をとるためには，衛星から送られてくるコード信号と同じコード信号をあらかじめ受信機内に用意しておかなければならないから，コード信号を知らない第三者には傍受ができないのである。このような通信方式が採られているのは，GPS が本来米国の軍事技術としてスタートしたという背景も影響している。

1.3.4　信号の復調

次に信号の復調を見て行こう。**図-1.10** に復調の概要を示す。

衛星から送られてきた信号 $C(t) \cdot D(t) \cdot \sin(2\pi ft)$ は，最初に受信機内でつくられた搬送波 $\sin(2\pi ft)$ とミキサーで掛け合わされる。数式で表すとミキサー内では信号は $C(t) \cdot D(t) \cdot \sin(2\pi ft) \cdot \sin(2\pi ft)$ となるが，三角関数の積和公式を使うとこれは $D(t) \cdot \sin(2\pi ft) \cdot \sin(2\pi ft) = \dfrac{D(t)}{2}(1 - \cos(4\pi ft))$ と表せる。この信号をローパスフィルターに通せば，第 2 項の高周波部分が消え $\dfrac{D(t)}{2}$ だけが残る。これは衛星の航法メッセージであり，信号が復調されたことを意味する。

さらに衛星から送られてきた信号のコードは，受信機の中に用意されている 37 種類すべてのコードと相関器に通され相関係数が計算される。デジタル化されたコード，例えば C/A コードは，PRN（Pseudo Random Noise code：擬似ランダム雑音）符号と呼ばれているように，一見ランダムな雑音に見える 1 023 ビッ

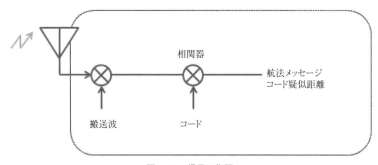

図-1.10　信号の復調

図-1.11 C/A コード

トのビット列でできており，**図-1.11**のように1ミリ秒間隔でこのビット列が繰り返されている。

ビット列のなかの0と1の統計的な出現回数は同じで，一定になるようにつくられている。こうすることにより，C/Aコード相互の相関係数がある特徴的な性質をもつことになる。相関係数とは，2つの符号列がどの程度似かよっているかを表す指標である。これは2つの符号列を比較し，対応するビットが同じであるビットの数と，異なるビットの数の差を，ビット長で割ったものとして表される。自分自身と比較する場合は，自己相関係数になる。相関係数は，符号列が似ていれば1に，また異なっていればゼロに近い値になる。C/Aコードの場合，異なる2つのC/Aコードの相関は常にゼロに，また自己相関は時間的に同期しているときだけ1で，それ以外はゼロとなるようにつくられている。

全部で37種類のC/Aコードが用意されており，それぞれが衛星に割当てられている。

ここで，相関をわかりやすく理解するため，1 023ビットのC/Aコードの代わりに，7ビットの簡単な以下のようなデジタル符号を考えよう。

$P(1) = 0111001$

$P(2) = 1011100$

$P(3) = 0101110$

$P(4) = 0010111$

ここで，2つの符号の相関係数を計算してみる。定義にしたがって対応するビット同士を比べて，同じである個数と違う個数の差を，全体のビット数で割ればよい。初めに$P(1)$と$P(2)$の相関を考えてみる。ビットが等しいのは，3，4，5番目の3ビットでそれ以外の4ビットは異なっているから，相関係数は $(+3-4)/7 = -1/7$ となる。$P(1)$と$P(3)$あるいは$P(4)$との相関も同じく $-1/7$ である。

$P(2)$ と $P(3)$ あるいは $P(4)$ との相関も同様であることは容易に確かめられるであろう。結局

$$p(i)p(j) = 1 \qquad i = j$$
$$p(i)p(j) = -1/7 \qquad i \neq j$$

となり，違う信号どうしの場合は相関係数がゼロに近い値になる。

C/A コードの場合も，37 種類相互の相関をとると同じコードどうし以外では，相関係数がゼロになるようにつくられている。衛星から送られてくる信号は，受信機内の 37 種類のコードと相関器にかけられる。すると，相関をとるコードと同じコード番号をもつ衛星からの電波だけが相関器からの出力として出てくる。つまり，出力のあったコード番号をもつ衛星だけが上空にあるということがわかり，衛星の識別ができるのである。

相関器では，この同期・検波の作業だけではなく，衛星と受信機間の距離を自己相関から求めるということも行われる。

受信機内のコードと送られてきたコードが同じ場合，受信機内のコードのビットを 1 ビットずつずらしながら相関器に入れ，自己相関係数を計算する。自己相

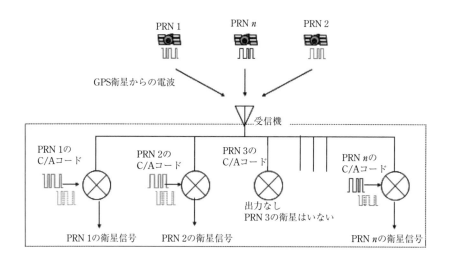

コードの相関を使って GPS 衛星信号の同期・検波を行う

図-1.12　GPS の同期・検波

関係数は，両コードのタイミングが違っていればゼロに，両コードが同期していれば1に近い最大値になる。同期するまでにずらしたビット数に対応する時間（1ビットのシフトは$1\mu s$に相当）が，両コードのタイミングの差ΔTに相当する。これは，GPSコード信号の伝播時間と解釈できて，これに電波の速度をかけたものがGPS衛星と受信機間の距離とみなせるのである。これは，コード疑似距離と呼ばれている。こうしてコードの相関をとることによって，衛星までの距離が観測できるのである。

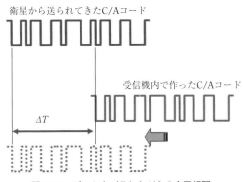

図-1.13　ビットをズラしながらの自己相関

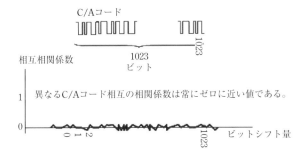

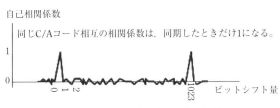

図-1.14　コードの相互相関と自己相関

1.4 GPS衛星の位置の決定

GPS衛星による位置決定では，GPS衛星の位置は既知として扱われる．すなわち，GPS衛星の位置は，GPS衛星から送信されてくる航法メッセージに含まれている放送暦の航法メッセージから計算されるのである．ここでは，航法メッセージの中の軌道要素からどのようにしてGPS衛星の位置が計算されるのかを見て行こう．これには，衛星の運動力学についての知識が必要になる．地球重力場の中で運動するGPS衛星の位置は，ニュートンの運動方程式を解くことにより求められる．地球を質量をMの均質な球とすると，距離rだけ離れた質量mのGPS衛星に働く地球の万有引力はGMm/r^2である（Gは万有引力定数）．地球の重心を原点にとり，GPS衛星の位置をベクトル$\boldsymbol{r}$と表そう．すると他の天体の影響を無視したGPS衛星の運動方程式は，ニュートンの式から

$$m\frac{d^2}{dt^2}\boldsymbol{r} = -\frac{GMm}{r^3}\boldsymbol{r} = -m\frac{\mu}{r^3}\boldsymbol{r}$$

と表される（ここで$GM = \mu$とおいている）．この運動方程式を2次元平面で解いてみよう．

1.4.1 ケプラー運動

地球の重心を原点とする軌道平面内直交座標では，上の運動方程式は

$$m\begin{bmatrix}\ddot{x}\\\ddot{y}\end{bmatrix} = -\frac{m\mu}{r^3}\begin{bmatrix}x\\y\end{bmatrix} \tag{1.1}$$

となる．この式を極座標

$$\begin{bmatrix}x\\y\end{bmatrix} = r\begin{bmatrix}\cos\theta\\\sin\theta\end{bmatrix}$$

で表そう．すると

$$\begin{bmatrix}\dot{x}\\\dot{y}\end{bmatrix} = \dot{r}\begin{bmatrix}\cos\theta\\\sin\theta\end{bmatrix} + r\dot{\theta}\begin{bmatrix}-\sin\theta\\\cos\theta\end{bmatrix}, \quad \begin{bmatrix}\ddot{x}\\\ddot{y}\end{bmatrix} = (\ddot{r} - r\dot{\theta}^2)\begin{bmatrix}\cos\theta\\\sin\theta\end{bmatrix} + (2\dot{r}\dot{\theta} + r\ddot{\theta})\begin{bmatrix}-\sin\theta\\\cos\theta\end{bmatrix},$$

であるから（1.1）は

1.4 GPS衛星の位置の決定

$$m\left\{ (\ddot{r}-r\dot{\theta}^2)\begin{bmatrix}\cos\theta\\ \sin\theta\end{bmatrix} + (2\dot{r}\dot{\theta}+r\ddot{\theta})\begin{bmatrix}-\sin\theta\\ \cos\theta\end{bmatrix}\right\} = -\frac{m\mu}{r^2}\begin{bmatrix}\cos\theta\\ \sin\theta\end{bmatrix}$$

となる．これから極座標での運動方程式は，

$$\begin{cases} m(\ddot{r}-r\dot{\theta}^2) = -\dfrac{m\mu}{r^2} & (1.2) \\ m(2\dot{r}\dot{\theta}+r\ddot{\theta}) = 0 & (1.3) \end{cases}$$

と表せる．

式（1.3）は，$\dfrac{1}{r}\dfrac{d}{dt}(r^2\dot{\theta}) = 0$ と書けるから，これから

$$r^2\dot{\theta} = h \quad (\text{定数}) \tag{1.4}$$

が得られる．これは，面積速度一定というケプラーの第2法則を示している．

これを式（1.2）に代入すると
rについての方程式

$$\ddot{r} - \frac{h^2}{r^3} + \frac{\mu}{r^2} = 0 \tag{1.5}$$

が得られる．ここで，新しい変数 $u = \dfrac{1}{r}$ を導入し，$\dfrac{d}{dt} = \dfrac{d}{d\theta}\dfrac{d\theta}{dt} = \dot{\theta}\dfrac{d}{d\theta} = \dfrac{h}{r^2}\dfrac{d}{d\theta}$ であることを考慮すると

ケプラーの第2法則

衛星の動径ベクトルが単位時間に掃く面積（面積速度）は一定である．

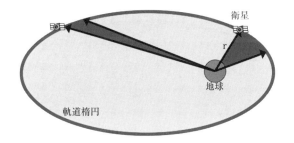

面積速度 $= \dfrac{1}{2}r^2\dot{\theta} = $ 定数

図-1.15　面積速度一定

$$\dot{r} = \frac{dr}{dt} = \frac{h}{r^2}\frac{dr}{d\theta} = \frac{h}{r^2}\frac{dr}{du}\frac{du}{d\theta} = \frac{h}{r^2}\left(-\frac{1}{u^2}\right)\frac{du}{d\theta} = -h\frac{du}{d\theta}$$

$$\ddot{r} = \frac{d}{dt}\left(-h\frac{du}{d\theta}\right) = \frac{h}{r^2}\frac{d}{d\theta}\left(-h\frac{du}{d\theta}\right) = -\frac{h^2}{r^2}\frac{d^2u}{d\theta^2}$$

と変換できる。

これを，式（1.5）に代入すると u に関する微分方程式が得られる。

$$\frac{d^2u}{d\theta^2} = -u + \frac{\mu}{h^2} \tag{1.6}$$

式（1.6）は簡単に解くことができ，

$$u = \frac{1}{r} = \frac{\mu}{h^2} + \alpha\cos(\theta + \beta) \quad (\alpha, \beta は積分定数) \tag{1.7}$$

である。この式は，極座標表示での楕円の式である。すなわち，衛星は楕円軌道を描くというケプラーの第1法則を示している。β は x 軸を近地点方向にとれば，$\beta = 0$ とできる。

この場合楕円の長半径を a，離心率を e とすれば，積分定数と a，e の関係は

$$\alpha = \frac{e}{a(1-e^2)}, \quad h = \sqrt{\mu a(1-e^2)}$$ となっていることが容易に確かめられる。これは，式（1.7）で $\theta = 0$ とすれば，r が近地点までの距離 $a(1-e)$ に，$\theta = 180°$ とすれば，遠地点までの距離 $a(1+e)$ にそれぞれなるということから導き出せる。

ケプラーの第1法則

衛星は地球の重心を一つの焦点とする楕円軌道を描く。

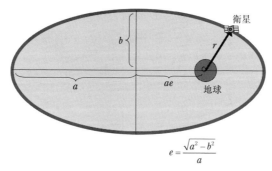

図-1.16 ケプラー軌道

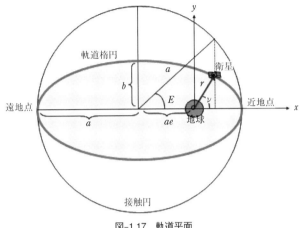

図-1.17 軌道平面

この時,式 (1.7) は

$$r = \frac{a(1-e^2)}{1+e\cos\theta} \tag{1.8}$$

と表せる。

次にケプラーの第3法則を導こう。このために,**図-1.17** のように離心近点離角 E,真近点離角 ν を導入する。

すると

$$x = r\cos\nu = a\cos E - ae, \quad y = r\sin\nu = b\sin E \tag{1.9}$$

である。これから

$$r = \sqrt{x^2 + y^2} = a(1 - e\cos E) \tag{1.10}$$

となる。この式を微分した $dr = ae\sin E\, dE$ と式 (1.8) を微分して得られる

$$dr = \frac{r^2 e\sin\theta\, d\theta}{a(1-e^2)}$$

を比較すると

$$r\, dE = (r^2/b)\, d\theta \tag{1.11}$$

が成り立つのがわかる。一方,式 (1.4) から

$$d\theta = h\, dt/r^2 = \sqrt{\mu a(1-e^2)} \cdot dt/r^2$$

であるから,これを式 (1.11) に代入すると,dE と dt の関係は

$$(1 - e\cos E)dE = \sqrt{\mu/a^3} \cdot dt$$

となる。これを

$$\int_{E-0}^{E}(1 - e\cos E)dE = \int_{t_0}^{t}\sqrt{\frac{\mu}{a^3}}dt$$

と積分した結果は

$$E + e\sin E = \sqrt{\frac{\mu}{a^3}}(t - t_0) \tag{1.12}$$

となる。この式で衛星が軌道を1周すると，E は 2π 変化し，$t-t_0$ は周期 T になるから $2\pi = \sqrt{\mu/a^3} \cdot T$ が成り立つ。書き直すと $T^2/a^3 = 4\pi^2/\mu$ である。すなわち，周期の2乗と長半径の3乗の比は一定であるというケプラーの第3法則を表している。

式 (1.12) を

$$E + e\sin E = n(t - t_0) = M \tag{1.13}$$

と表した場合，M は平均近点離角と呼ばれている。$n = \sqrt{\mu/a^3}$ は衛星の平均角速度を表している。

結局，軌道平面内の極座標で考えると，GPS衛星の位置は，

ケプラーの第3法則
周期の2乗と長半径の3乗の比は一定である。

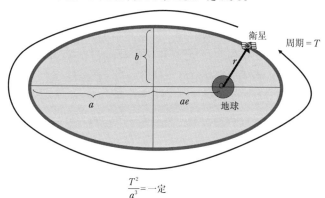

図-1.18 軌道周期と長半径

1.4 GPS衛星の位置の決定

$$\boldsymbol{r} = \begin{bmatrix} x \\ y \end{bmatrix} = a \begin{bmatrix} \cos E - e \\ \sqrt{1-e^2} \sin E \end{bmatrix} = r \begin{bmatrix} \cos \nu \\ \sin \nu \end{bmatrix}, \quad r = a(1-e\cos E) \tag{1.14}$$

で表すことができる。ここで，a，e は軌道楕円の長半径と離心率，E，ν は離心近点離角，真近点離角である（この式から軌道平面内の位置は，例えば3量 a, e, E を与えれば計算できることがわかる）。天球座標系での衛星位置は，この軌道平面上で表された位置を，図-1.19 に示す軌道面の傾斜角 i や昇交点赤経 Ω，近地点引数 ω を使って三次元直交座標に変換すれば得られる。衛星の軌道平面内の位置を表す3量と座標変換に必要な3量の計6個のパラメータは，ケプラー軌道要素と呼ばれている。天球座標系での衛星位置を，地球とともに回転させれば地球座標系（この場合はWGS84）での衛星位置が求まる。WGS84での衛星位置を X, Y, Z とすれば，この変換は回転行列を使って

$$\begin{bmatrix} X \\ Y \\ Z \end{bmatrix} = R_3(-(\Omega-\Theta))R_1(-i)R_3(-\omega) \begin{bmatrix} x \\ y \\ 0 \end{bmatrix} \tag{1.15}$$

と表すことができる（ここで Θ はグリニジ恒星時）。

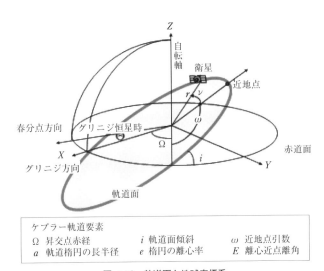

図-1.19　軌道面と地球座標系

ケプラー軌道要素
- Ω　昇交点赤経
- a　軌道楕円の長半径
- i　軌道面傾斜
- e　楕円の離心率
- ω　近地点引数
- E　離心近点離角

1.4.2 ケプラー軌道の補正

地球が均質な球と仮定でき，他の天体の影響が無視できる場合は，GPS衛星の運動は前節で説明した6つの軌道要素を使って表すことができる。しかし，実際の地球の形は均質な球ではなく，むしろ楕円体に近い複雑な形と不均質な内部質量分布をもつ天体である。そのため，これら均質な球からのずれの部分が衛星に及ぼす力を考慮する必要がある。また，GPS衛星には月や太陽の引力，あるいは太陽輻射圧等による力も働いている。

ただ均質な球の引力に比べて，この均質な球からのずれの部分が衛星に及ぼす力は，10^{-4}以下の寄与しかなく，また月，太陽の影響や太陽輻射圧の影響は，それぞれ10^{-5}，10^{-6}の大きさというように非常に小さい。このような場合，衛星の運動は，地球を均質な球とした場合のケプラー楕円運動がその他の影響によって徐々にその形を変えていく摂動と呼ばれる運動で説明される。つまり，ケプラー楕円軌道の補正という形で解くことができる。

すなわち，衛星の運動は近似的には6つの軌道要素で表される楕円軌道を描いているが，その楕円軌道の形と向きは一定ではなく，時間とともにすこしずつ変化しているのである。摂動計算では，この軌道要素の変化量が計算される。

楕円軌道の変化

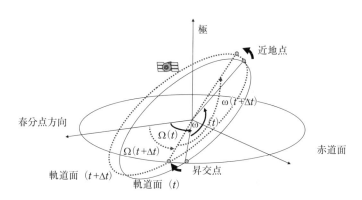

昇交点や近地点等の位置が時間と共に
変化し，軌道面が動いていく。

図-1.20 GPS衛星の摂動

1.4.3 GPS 衛星の位置の計算

GPS 衛星から送信されている放送暦には，基準時刻における GPS 衛星の軌道要素とその摂動による影響を計算するための変化率やパラメータが含まれている。したがって，GPS ユーザーは，放送暦で得た基準時刻における軌道要素とその変化率，パラメータを使って，観測時における GPS 衛星の位置を計算することになる。

航法メッセージのサブフレーム 2，3 には，放送暦として**表-1.1** のような軌道情報とその変化率，パラメータが含まれている。

表-1.1 航法メッセージ（放送暦）

記号	内容
t_e	基準時刻
$\sqrt{a}$	長半径の平方根（m）
e	離心率
M_0	基準時刻における平均近点離角
ω_0	近地点引数
i_0	軌道傾斜角
Ω_0	昇交点赤経
Δn	平均角速度補正
$\dot{i}$	軌道傾斜角の変化率
$\dot{\Omega}$	昇交点赤経の変化率
C_{uc}, C_{us}	近地点引数の補正係数
C_{rc}, C_{rs}	軌道半径の補正係数
C_{ic}, C_{is}	軌道傾斜角の補正係数

手順としては，受信した航法メッセージを使い，最初に軌道面内での二次元位置を求め，それを軌道面の傾斜を考慮して三次元位置に変換する。以下 GPS 衛星の位置計算の手順を見てみよう。

1) 平均角速度 n の計算

まず航法メッセージの $\sqrt{a}$ から長半径 a と衛星の平均角速度

$$n_0 = \sqrt{\frac{\mu}{a^3}} \tag{1.16}$$

を計算する（μ は WGS84 で採用されている値 $\mu = 3.986005 \times 10^{14} m^3/s^2$ を使う）。次に平均角速度補正 Δn を使って，平均角速度

$$n = n_0 + \Delta n \tag{1.17}$$

を計算する。

2) 平均近点離角 M の計算

航法メッセージの基準時刻 t_e における平均近点離角 M_0 を観測時 t における平均近点離角 M に変換する。

$$M = M_0 + n(t - t_e) \tag{1.18}$$

3) 離心近点離角 E の計算

平均近点離角 M から離心近点離角 E を計算する。

$$E = M + e \sin E \tag{1.19}$$

4) 真近点離角 v の計算

離心近点離角 E から真近点離角 v を計算する。

$$v = \tan^{-1}\left[\frac{\sqrt{1-e^2}\sin E}{\cos E - e}\right] \tag{1.20}$$

これは，v と E の関係式 $a\begin{bmatrix}\cos E - e \\ \sqrt{1-e^2}\sin E\end{bmatrix} = r\begin{bmatrix}\cos v \\ \sin v\end{bmatrix}$ から得られる。

これら3つの近点離角の関係を図示すると**図-1.21** のようになる。

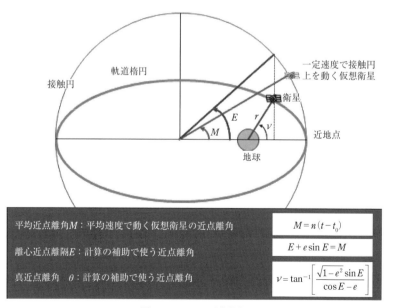

図-1.21 3つの近点離角

5) ここからは摂動補正計算になる。衛星の位置ベクトルのケプラー運動からのずれ（摂動）が，衛星飛行方向と動径方向，ならびに軌道面に直角な方向に分けて航法メッセージに含まれる補正パラメータを使って計算できるようになっている。

まず，$\phi = \omega_0 + v$ とし，これを使って以下の計算をする。
衛星飛行方向（近地点引数＋真近点離角の計算）：
$$u = \phi + C_{uc}\cos(2\phi) + C_{us}\sin(2\phi) \tag{1.21}$$
動径方向（地心距離の計算）：
$$r = a(1 - e\cos E) + C_{rc}\cos(2\phi) + C_{rs}\sin(2\phi) \tag{1.22}$$
軌道面に直角な方向（軌道傾斜角の計算）：
$$i = i_0 + \dot{i}(t - t_e) + C_{ic}\cos(2\phi) + C_{is}\sin(2\phi) \tag{1.23}$$

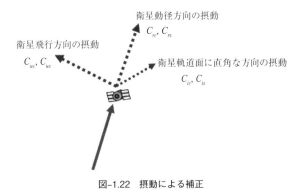

図-1.22　摂動による補正

6) ここまでの計算から軌道面内での衛星2次元位置は，
$$x = r\cos u, y = r\sin u \tag{1.24}$$
で表される。

7) 天球座標系での三次元位置は，このように求まった軌道面を軌道傾斜角 i の分だけ x 軸を回転させ，昇交点赤経 Ω の分だけ z 軸を回転してやれば得られる。補正された昇交点赤経は，$\Omega = \Omega_0 + \dot{\Omega}(t - t_e)$ である。

さらに，天球座標系をグリニジ恒星時分 $\Theta = \omega_e t$ だけ回転させれば WGS84 座標系での位置になる。ただし，ω_e は地球の自転角速度 $\omega_e = 7.2921151467 \times 10^{-5}$ rad/s である。

昇交点赤経とグリニジ恒星時による回転をひとつにまとめ，軌道傾斜角の回転とともに表せば次式になる。

$$\begin{bmatrix} X \\ Y \\ Z \end{bmatrix} = R_3(-\Omega + \Theta) R_1(-i) \begin{bmatrix} x \\ y \\ 0 \end{bmatrix} = \begin{bmatrix} \cos(\Omega - \Theta) & -\sin(\Omega - \Theta)\cos i \\ \sin(\Omega - \Theta) & \cos(\Omega - \Theta)\cos i \\ 0 & \sin i \end{bmatrix} \begin{bmatrix} x \\ y \end{bmatrix} \quad (1.25)$$

これが航法メッセージから計算された GPS 衛星の WGS84 座標系での位置になる。

第2章　衛星測位のしくみ

2.1　GPS 測位の概要

　GPS 測位では，衛星から送られてくる GPS 信号を専用の受信機で受信解読して受信機の位置を決定する。GPS 信号は，第 1 章「1.3 GPS 衛星の信号」で述べたように，搬送波とコード，航法メッセージで構成されている。受信機で搬送波とコードを受信することに後に述べるように衛星から受信機までの距離に関する情報が得られる。一方，航法メッセージの解読により，第 1 章「1.4.3 GPS 衛星位置の計算」で述べた手順で観測時の衛星位置が計算できる。これで GPS 衛星

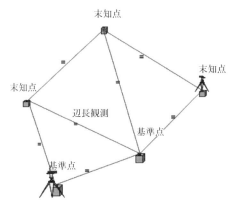

図-2.1　三辺測量

の位置がわかり，GPS衛星と受信機までの距離がわかる。このような観測を3個以上のGPS衛星に対して行うことにより，受信機の位置が求められる。この状況は地上での辺長測量の場合と同じである。今，位置を求めたい未知点の周りに位置の分った複数の基準点が設置されていれば，図-2.1のようにすべての辺長を測定すること（辺長測量）により未知点の位置が決定できる。基準点と観測点が2次元的に配置されている場合であれば，簡単な幾何学で2点の基準点までの距離がわかれば，未知点の位置は決定される。

GPS測位の場合，基準点に相当するのはGPS衛星である。未知点とGPS衛星との関係は3次元的であるから，幾何学的には未知点から既知の3つのGPS衛星（基準点）までの距離がわかれば未知点の位置は求まる。

GPS衛星から受信機までの距離は，衛星信号を受信機で受信解析することで求まる。この場合，衛星信号の搬送波に載せられているコードを使うか，搬送波そのものを使うかの2つの距離決定方法がある。コードを使って距離を測るのはコード疑似距離観測，搬送波を使って距離を測るのは位相疑似距離観測とそれぞれ呼ばれている。コード疑似距離観測の場合はコード信号の波長を，位相疑似距離観測の場合は搬送波の波長をそれぞれ物差しにして距離が測定される。

距離測定の精度は，物差しの目盛りに相当するその使用波長の大きさに左右される。コード信号の波長はおよそ300mであり，搬送波の波長はおよそ20cmである。物差しの1目盛りに相当する波長の1/100までの分解能を仮定すれば，

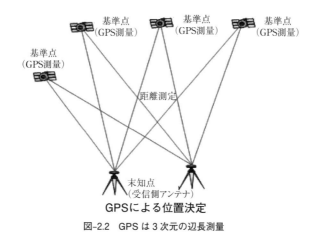

図-2.2　GPSは3次元の辺長測量

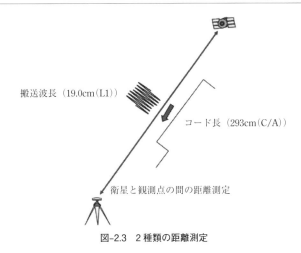

図-2.3 2種類の距離測定

コード信号で m オーダー，搬送波で mm オーダーの測距精度が得られることになる。コード信号を使った測距は主に移動体の航法で使われ，その代表的な測位手法は単独測位手法として知られている。搬送波を使った測距は主に精密測量分野で使われ，その代表的な測位手法は相対測位手法として知られている。以下これら代表的な測位手法についてその原理を詳しく見てみよう。

2.2 コード擬似距離観測

GPS衛星から送信されたコード信号が受信機に到達するのに要した時間に，コード信号の伝播速度を掛ければ，衛星と受信機の間の距離がわかる。今，コード信号がGPS衛星から放出された瞬間の衛星時計の読みを t^s とする。衛星時計は，原子時計で精密にコントロールされているが，それでも誤差はある。コード信号が放出された瞬間の衛星時計の誤差を δ^s とすると $t^s = t^s(true) + \delta^s$ と書ける。ここで $t^s(true)$ は，コード信号放出の正しい時刻である。同様にして，この信号が受信機に到達した瞬間の受信機時計の読みとその誤差を t_R, δ_R とし，正しい受信時刻を $t_R(true)$ とすると，$t_R = t_R(true) + \delta_R$ と書ける。したがって，観測されたGPSコード信号の伝播時間 Δt は

$$\Delta t = t_R - t^S = t_R(true) + \delta_R - t^S(true) - \delta^S = t_R(true) - t^S(true) + (\delta_R - \delta^S) \quad (2.1)$$

となる。

この伝播時間 Δt にコード信号の伝播速度 c を掛けると

$$c\Delta t = c(t_R(true) - t^S(true)) + c(\delta_R - \delta^S) \quad (2.2)$$

となる。ここで，$c(t_R(true) - t^S(true))$ は正しい伝搬時間に伝搬速度を掛けたものであるから，正しい距離ということになる。これを ρ と置こう。また $R = c\Delta t$ と置く。すると

$$R = \rho + c(\delta_R - \delta^S) \quad (2.3)$$

が得られる。R と ρ は，衛星と受信機の間の，観測された距離と正しい距離にそれぞれ対応していることがわかる。この R は，コード擬似距離と呼ばれている。擬似距離という言葉は，時計の誤差が含まれているため，R が正しい距離ではないことを表している。英語表記では peudo range と表す。この式で，ρ は衛星と受信機の位置座標をそれぞれ (x^S, y^S, z^S)，(x_R, y_R, z_R) とすれば，正しい距離であるから

$$\rho = \sqrt{(x^S - x_R)^2 + (y^S - y_R)^2 + (z^S - z_R)^2}$$

と表せる。これを使うと式（2.3）は，次のようになる。

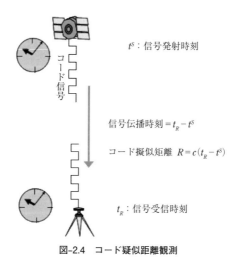

図-2.4　コード疑似距離観測

$$R = \sqrt{\left(x^S - x_R\right)^2 + \left(y^S - y_R\right)^2 + \left(z^S - z_R\right)^2} + c\left(\delta_R - \delta^S\right) \tag{2.4}$$

この式は，コード擬似距離観測の観測量と未知量である受信機の位置座標ならびに時計誤差を結びつける式であり，コード擬似距離観測方程式と呼ばれている。

実際の疑似距離 R は，第1章の「1.3.4 信号の復調」で説明した自己相関の過程で得られるタイミングの差 Δt に伝搬速度を掛けたものとして得られる。

2.3 単独測位による位置決定

ある観測点で1つのGPS衛星からのコード擬似距離観測を行えば，コード擬似距離観測の式

$$R = \sqrt{\left(x^S - x_R\right)^2 + \left(y^S - y_R\right)^2 + \left(z^S - z_R\right)^2} + c\left(\delta_R - \delta^S\right) \tag{2.5}$$

が得られることは前節で見た。この式で，衛星の位置 (x^S, y^S, z^S) は航法メッセージの中の広報暦から計算でき，WGS84系での座標値として与えられる。またGPS衛星の時計誤差 δ^S は，同じく航法メッセージに含まれているパラメータ $\alpha_0, \alpha_1, \alpha_2$ を使って

$$\delta^S = \alpha_0 + \alpha_1\left(t - t_e\right) + \alpha_2\left(t - t_e\right)^2 \quad (t_e \text{は基準時刻}) \tag{2.6}$$

から計算できるようになっている。したがって，コード擬似距離の式で未知量となるのは，観測点の座標 (x_R, y_R, z_R) と受信機の時計誤差 δ_R の4量である。

今，このようなコード観測を4つの衛星 $i = 1, 2, 3, 4$ に対して同時に行えば

$$\begin{aligned}
R_1 &= \sqrt{\left(x_1^S - x_R\right)^2 + \left(y_1^S - y_R\right)^2 + \left(z_1^S - z_R\right)^2} + c\left(\delta_R - \delta_1^S\right) \\
R_2 &= \sqrt{\left(x_2^S - x_R\right)^2 + \left(y_2^S - y_R\right)^2 + \left(z_2^S - z_R\right)^2} + c\left(\delta_R - \delta_2^S\right) \\
R_3 &= \sqrt{\left(x_3^S - x_R\right)^2 + \left(y_3^S - y_R\right)^2 + \left(z_3^S - z_R\right)^2} + c\left(\delta_R - \delta_3^S\right) \\
R_4 &= \sqrt{\left(x_4^S - x_R\right)^2 + \left(y_4^S - y_R\right)^2 + \left(z_4^S - z_R\right)^2} + c\left(\delta_R - \delta_4^S\right)
\end{aligned} \tag{2.7}$$

と4つのコード擬似距離式が得られる。原理的にはこの連立方程式を解けば，観測点の座標 (x_R, y_R, z_R) と受信機の時計誤差 δ_R は決定できる。実際には4衛星以

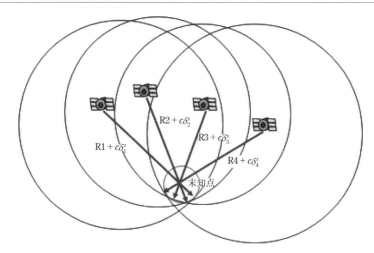

図-2.5 単独測位の幾何学

上の衛星とコード擬似距離観測を行い，最小二乗法的に観測点の位置座標が求まる。この位置決定は単独測位（point positioning）と呼ばれている。

幾何学的には，図-2.5 に示すように未知点の位置は各衛星を中心とした半径 $R_i + c\delta_i^S (i=1, 2, ...)$ の球に内接する小球の中心位置として求まる。この小球の半径は，受信機時計誤差に電波の速度をかけた $c\delta_R$ である。

2.3.1　単独測位の観測方程式と最小二乗解

コード擬似距離を使った i 番目の GPS 衛星に対する単独測位観測の式は，前節から

$$R_i = \sqrt{\left(x_i^S - x_R\right)^2 + \left(y_i^S - y_R\right)^2 + \left(z_i^S - z_R\right)^2} + c\left(\delta_R - \delta_i^S\right) \tag{2.8}$$

である。今，同時に n 個の衛星に対してこのようなコード擬似距離観測を行ったとしよう。この場合，観測量はコード擬似距離 $R_i (i=1, \cdots n)$，未知量は受信機の位置座標 (x_R, y_R, z_R) と受信機時計誤差 δ_R である。i 番目の衛星の位置座標 (x_i^S, y_i^S, z_i^S) と衛星時計誤差 δ_i は，航法メッセージから計算できる既知量である。

未知量の数は 4 個であるから，衛星数 n が 4 個の場合この観測式は一意的に解ける。衛星数 n が 5 以上の場合は，疑似距離の観測式が未知数の数を上回り，

解不定となるから最小二乗法的に解くことになる。最小二乗法は測位計算には不可欠である。最小二乗法については附章を参照してもらうとして，ここでは解き方の手順を示す。まず疑似距離の観測式を最小二乗法が使えるように線形にする。

未知量を概略値と補正量 $x_R = x_R^0 + \delta x_R$, $y_R = y_R^0 + \delta y_R$, $z_R = z_R^0 + \delta z_R$ に，また観測量を観測値と残差 $R_i = R_i^{ob} + v_i (i=1, \cdots n)$ に分けて，補正量は微小量だとして i 番目の衛星の観測式を未知量に関して1次のオーダーまでテイラー展開し線形化する（未知量の受信機時計誤差 δ_R はすでに線形になっているのでそのまま使う）。すると観測方程式は，

$$R_i^{ob} + v_i = \rho_i^0 + \frac{x_i^S - x_R^0}{\rho_i^0} \cdot \delta x_R + \frac{y_i^S - y_R^0}{\rho_i^0} \cdot \delta y_R + \frac{z_i^S - z_R^0}{\rho_i^0} \cdot \delta z_R + c \cdot \delta_R - c\delta_i^S \quad (2.9)$$

と書ける。ここで

$$\rho_i^0 = \sqrt{\left(x_i^S - x_R^0\right)^2 + \left(y_i^S - y_R^0\right)^2 + \left(z_i^S - z_R^0\right)^2}$$

である。R_i^{ob} を右辺に移し，すべての衛星の観測方程式を書けば次のようになる。

$$\begin{aligned}
v_1 &= \frac{x_1^S - x_R^0}{\rho_1^0} \cdot \delta x_R + \frac{y_1^S - y_R^0}{\rho_1^0} \cdot \delta y_R + \frac{z_1^S - z_R^0}{\rho_1^0} \cdot \delta z_R + c \cdot \delta_R + \left(\rho_1^0 - R_1^{ob} - c\delta_1^S\right) \\
v_2 &= \frac{x_2^S - x_R^0}{\rho_2^0} \cdot \delta x_R + \frac{y_2^S - y_R^0}{\rho_2^0} \cdot \delta y_R + \frac{z_2^S - z_R^0}{\rho_2^0} \cdot \delta z_R + c \cdot \delta_R + \left(\rho_2^0 - R_2^{ob} - c\delta_2^S\right) \\
&\vdots \\
v_n &= \frac{x_n^S - x_R^0}{\rho_n^0} \cdot \delta x_R + \frac{y_n^S - y_R^0}{\rho_n^0} \cdot \delta y_R + \frac{z_n^S - z_R^0}{\rho_n^0} \cdot \delta z_R + c \cdot \delta_R + \left(\rho_n^0 - R_n^{ob} - c\delta_n^S\right)
\end{aligned} \quad (2.10)$$

これを行列の形に表せば

$$\begin{bmatrix} v_1 \\ v_2 \\ \vdots \\ v_n \end{bmatrix} = \begin{bmatrix} \frac{x_1^S - x_R^0}{\rho_1^0} & \frac{y_1^S - y_R^0}{\rho_1^0} & \frac{z_1^S - z_R^0}{\rho_1^0} & c \\ \frac{x_2^S - x_R^0}{\rho_2^0} & \frac{y_2^S - y_R^0}{\rho_2^0} & \frac{z_2^S - z_R^0}{\rho_2^0} & c \\ \vdots & \vdots & \vdots & \vdots \\ \frac{x_n^S - x_R^0}{\rho_n^0} & \frac{y_n^S - y_R^0}{\rho_n^0} & \frac{z_n^S - z_R^0}{\rho_n^0} & c \end{bmatrix} \begin{bmatrix} \delta x_R \\ \delta y_R \\ \delta z_R \\ \delta_R \end{bmatrix} + \begin{bmatrix} \rho_1^0 - R_1^{ob} - c\delta_1^S \\ \rho_2^0 - R_2^{ob} - c\delta_2^S \\ \vdots \\ \rho_n^0 - R_n^{ob} - c\delta_n^S \end{bmatrix} \quad (2.11)$$

となる。これを

$$V = AX + L \tag{2.12}$$

と置けば

$$A = \begin{bmatrix} \dfrac{x_1^S - x_R^0}{\rho_1^0} & \dfrac{y_1^S - y_R^0}{\rho_1^0} & \dfrac{z_1^S - z_R^0}{\rho_1^0} & c \\ \dfrac{x_2^S - x_R^0}{\rho_2^0} & \dfrac{y_2^S - y_R^0}{\rho_2^0} & \dfrac{z_2^S - z_R^0}{\rho_2^0} & c \\ \vdots & \vdots & \vdots & \vdots \\ \dfrac{x_n^S - x_R^0}{\rho_n^0} & \dfrac{y_n^S - y_R^0}{\rho_n^0} & \dfrac{z_n^S - z_R^0}{\rho_n^0} & c \end{bmatrix} \quad L = -\begin{bmatrix} \rho_1^0 - R_1^{ob} - c\delta_1^S \\ \rho_2^0 - R_2^{ob} - c\delta_2^S \\ \vdots \\ \rho_n^0 - R_n^{ob} - c\delta_n^S \end{bmatrix} \tag{2.13}$$

である。未知量もベクトルで表せば，次のようになる。

$$X_a \equiv \begin{bmatrix} x_R \\ y_R \\ z_R \\ \delta_R \end{bmatrix} = \begin{bmatrix} x_R^0 \\ y_R^0 \\ z_R^0 \\ 0 \end{bmatrix} + \begin{bmatrix} \delta x_R \\ \delta y_R \\ \delta z_R \\ \delta_R \end{bmatrix} \equiv X_0 + X \tag{2.14}$$

観測方程式をこのように行列で表記すれば，あとは附章の最小二乗法の計算手順に沿って以下のように最小二乗解が求まる。

最小二乗解：$X_a = X_0 + \hat{X} = X_0 + \left(A^T P A\right)^{-1} A^T P L$ (2.15)

解の精度：$\sum_{\hat{X}} = \hat{\sigma}_0^2 \left(A^T P A\right)^{-1}$ ただし $\hat{\sigma}_0^2 = \dfrac{\hat{v}^T P \hat{v}}{n - u}$ (2.16)

ここで，P は $P = \sigma_0^2 \sum_{ob}^{-1}$ と観測の分散 $\sum_{ob}$ から計算される量である。

2.3.2 単独測位の精度とDOP

前節で示すように，最小二乗解の精度は

解の分散共分散行列

$$\sum_{\hat{X}} = \hat{\sigma}_0^2 \left(AP^T A\right)^{-1}$$

で表せる。ここで

$$Q = \left(AP^T A\right)^{-1} \tag{2.17}$$

と置くと，単独測位解の分散共分散行列は

2.3 単独測位による位置決定

$$\Sigma_{\hat{X}} = \begin{bmatrix} \sigma_{xx} & \sigma_{xy} & \sigma_{xz} & \sigma_{xt} \\ \sigma_{yx} & \sigma_{yy} & \sigma_{yz} & \sigma_{yt} \\ \sigma_{zx} & \sigma_{zy} & \sigma_{zz} & \sigma_{zt} \\ \sigma_{\delta x} & \sigma_{\delta y} & \sigma_{\delta z} & \sigma_{tt} \end{bmatrix} = \hat{\sigma}_0^2 \boldsymbol{Q} = \hat{\sigma}_0^2 \begin{bmatrix} q_{xx} & q_{xy} & q_{xz} & q_{xt} \\ q_{yx} & q_{yy} & q_{yz} & q_{yt} \\ q_{zx} & q_{zy} & q_{zz} & q_{zt} \\ q_{\delta x} & q_{\delta y} & q_{\delta z} & q_{tt} \end{bmatrix} \quad (2.18)$$

と表せる。したがって、各座標成分の分散（標準偏差の二乗）は

$$\sigma_{xx} = \hat{\sigma}_0^2 q_{xx}, \quad \sigma_{yy} = \hat{\sigma}_0^2 q_{yy}, \quad \sigma_{zz} = \hat{\sigma}_0^2 q_{zz} \quad (2.19)$$

と、$\boldsymbol{Q}$ の対角要素の大きさで決まることがわかる。この $\boldsymbol{Q}$ の対角要素を測位精度の目安としてわかりやすくしたものが、DOP（精度低下率）と呼ばれるものである。

DOPにもいろいろな定義があるが、良く用いられるものはGDOP（幾何学的精度低下率）やPDOP（位置精度低下率）と呼ばれ次のように定義される

$$\text{GDOP} = \sqrt{q_{xx} + q_{yy} + q_{zz} + q_{tt}} \quad (2.20)$$

$$\text{PDOP} = \sqrt{q_{xx} + q_{yy} + q_{zz}} \quad (2.21)$$

DOPは衛星と観測点との幾何学配置だけで決まるから、実際の観測の前に調べることができ、観測はその数値が小さい時間帯に行う方が精度の高い位置座標が得られることになる。

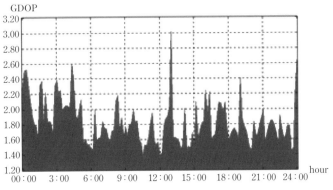

図-2.6 幾何学的精度低下率の例

2.4 位　相

　GPS衛星と受信機の間の距離を測る2番目の方法が，搬送波の位相を測定することで距離を求める方法である。この方法は，単独測位で使われるコードを使う方法に比べて測位精度が高いため，精密測位や測量に用いられている。GPS衛星から送られてくる搬送波の位相を，受信機で調べて距離に換算するのである。位相とは何であろうか。この場合の位相とは，搬送波の波の状態を表している。図-2.7のように搬送波の1波長を考える。1波長の始まりのところは波の状態が位相0°，終わりのところは位相360°と表す。

　位相は，このように度単位以外に，図-2.8のようにラジアン単位やサイクル単位で表すことができる。

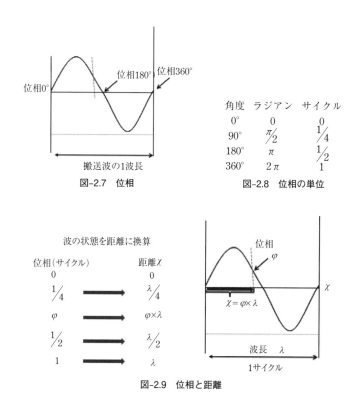

図-2.7　位相

図-2.8　位相の単位

図-2.9　位相と距離

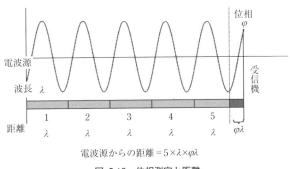

図-2.10 位相測定と距離

GPS測位で使われるのはサイクル単位である。位相を指定することにより，波がどの状態にあるのかを知ることができる。また，この位相は1波長内で距離に換算することができる。

図-2.9のように位相が1/2サイクルであれば波長の半分の距離に，位相が1サイクルであれば波長分の距離λにそれぞれ換算できる。一般にφサイクルであれば$\varphi \times \lambda$の距離に換算できる。

今，図-2.10のように，ある電波源から発射された電波が受信機に到達したときの観測位相がφであったとしよう。すると最後の波長内距離は$\varphi \lambda$と換算でき，これ以外に電波源と受信機の間に含まれている波長の数が（今の場合5）わかれば，電波源から受信機までの距離が$5 \times \lambda + \varphi \times \lambda$と計算できる。これが位相観測によって距離を求める仕組みである。

2.5 位相擬似距離観測

この場合も時計の誤差が測定距離に含まれているため，疑似距離という名前がついている。位相疑似距離と呼ばれるのは，位相を測定することで距離を求めるからである。

衛星から送信された周波数fの搬送波が，時刻tに受信機に到達したとしよう。到達した搬送波の位相を$\varphi^S(t)$とすると，これは搬送波が衛星から発射された時刻$t-\rho/c$における搬送波の位相$\varphi^S(t-\rho/c)$に等しい。ここで，ρは衛星と受信機間の距離，cは搬送波の速度である。時刻tに衛星時計誤差δ^Sが含まれている

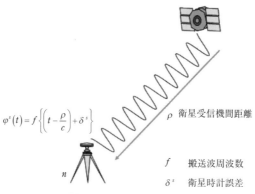

図-2.11 受信搬送波の位相

とすると，これは $\varphi^S(t+\delta^S-\rho/c)$ になる。

図-2.11 に示すように周波数が一定の場合，「位相の変化量は周波数に経過時間を掛け合わせたもの」であるから，時刻 $t=0$ における初期位相をゼロとすれば，サイクル数単位で表した受信搬送波位相は

$$\varphi^S(t) \equiv \varphi^S\left(t+\delta^S-\frac{\rho}{c}\right) = f\cdot\left(t+\delta^S-\frac{\rho}{c}\right) = ft - f\frac{\rho}{c} + f\delta^S \tag{2.22}$$

となる。一方受信機の中では，同じ周波数 f の基準搬送波がつくられており，この基準搬送波の時刻 t における位相 $\varphi_R(t)$ は，受信機時計の誤差を δ_R とすれば，同様に

$$\varphi_R(t) \equiv \varphi_R(t+\delta_R) = f\cdot(t+\delta_R) = ft + f\delta_R \tag{2.23}$$

となる。受信機の中では，衛星からの搬送波と受信機で生成された基準搬送波を掛け合わせて得られるビート信号の位相 $\varphi_R^S(t)$ が観測される。これは，両者の位相の差に相当する。

すなわち

$$\varphi_R^S(t) = \varphi^S(t) - \varphi_R(t) \equiv -f\frac{\rho}{c} - f\cdot(\delta_R-\delta^S) = -\frac{\rho}{\lambda} - \frac{c}{\lambda}(\delta_R-\delta^S) \tag{2.24}$$

である。ここで，関係式 $c=f\cdot\lambda$（λ は搬送波波長）を使っている。

この式の右辺第1項は，衛星と受信機の間に何サイクルの波長が含まれるか示しているが，このビート位相からだけでは基本的に1サイクル（360°）の端数し

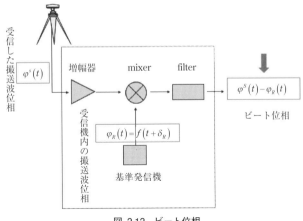

図-2.12 ビート位相

かわからない。このビート信号の位相を連続的に観測し，ある基準時刻 t_0 から時刻 t までの位相の積算値を ϕ とする。基準時刻 t_0 における衛星−受信機間に含まれる波長の数（サイクル数）を N とし，端数位相はゼロとすれば，時刻 t におけるビート位相は $\varphi_R^S(t) = \phi + N$ で与えられる。この式と上の $\varphi_R^S(t)$ の式から

$$\Phi = \frac{\rho}{\lambda} + \frac{c}{\lambda}(\delta_R - \delta^S) + N \tag{2.25}$$

が得られる（ただしここで便宜的に $\phi = -\Phi$ と置き換えている）。受信機の位置座標 (x_R, y_R, z_R) と衛星の位置座標 (x^S, y^S, z^S) を使えば ρ は

$$\rho = \sqrt{(x^S - x_R)^2 + (y^S - y_R)^2 + (z^S - z_R)^2}$$

と表せるから位相の式は

$$\Phi = \frac{1}{\lambda}\sqrt{(x^S - x_R)^2 + (y^S - y_R)^2 + (z^S - z_R)^2} + \frac{c}{\lambda}(\delta_R - \delta^S) + N \tag{2.26}$$

となる。

これが位相観測量 Φ と，未知量である受信機の位置座標 (x_R, y_R, z_R)，衛星と受信機の時計誤差 δ，整数値アンビギュイティーと呼ばれる N を結びつける式であり，位相観測の基本式になる。この式に λ を掛けた $\lambda\Phi$ は，位相擬似距離と呼ばれる量である。

2.5.1 相対測位による位置決定

式（2.26）がすべての位相観測の基本式である。測量などの精密測位は，この基本式から出発して測位を行う。ただ精密測位では，単独測位のように受信機1台で測位を行う方法をとらず，2台の受信機を組み合わせて使うスタティックな相対測位と呼ばれる手法が用いられる。

これは位置の分かっている基準点と未知点の双方に一定時間受信機を置いて，同時に同じ衛星を観測する方法である。観測の後，受信データを統合して解析し位置を求める。このような手法が開発された理由は，この後説明する時計の誤差の影響を無くすためである。位相観測の基本式（2.26）には，受信機時計誤差 δ_R と衛星時計誤差 δ^S が含まれている。単独測位の場合は，衛星時計誤差は補正し，受信機時計誤差は未知量として取扱った。相対測位では受信機2台を使ったいわゆる2重位相差観測を行うことにより，以下に見るように受信機時計誤差と衛星時計誤差の双方を観測式の中から消去してしまうのである。

今，図-2.14のように既知の基準点をAと，未知点Bに受信機を置き，時刻 t に衛星 k, j に対して位相擬似距離観測を行ったとする。

すると4つの位相観測 $\Phi_1, \Phi_2, \Phi_3, \Phi_4,$ が行え，以下の4つの位相観測方程式ができる。

$$\Phi_1 \equiv \Phi_A^j(t) = \frac{1}{\lambda}\rho_A^j(t) + f\left(\delta_A(t) - \delta^j(t)\right) + N_A^j, \qquad (2.27)$$

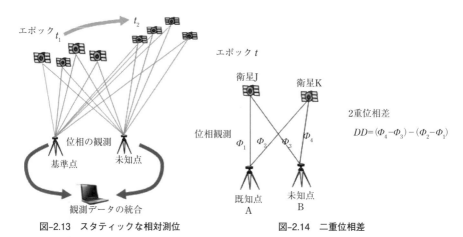

図-2.13　スタティックな相対測位　　　図-2.14　二重位相差

$$\Phi_2 \equiv \Phi_A^k(t) = \frac{1}{\lambda}\rho_A^k(t) + f\left(\delta_A(t) - \delta^k(t)\right) + N_A^k, \tag{2.28}$$

$$\Phi_3 \equiv \Phi_B^j(t) = \frac{1}{\lambda}\rho_B^j(t) + f\left(\delta_B(t) - \delta^j(t)\right) + N_B^j, \tag{2.29}$$

$$\Phi_4 \equiv \Phi_B^k(t) = \frac{1}{\lambda}\rho_B^k(t) + f\left(\delta_B(t) - \delta^k(t)\right) + N_B^k \tag{2.30}$$

ここで，上の添え字は衛星を，下の添え字は基準点をそれぞれ区別している。これらの式から

$$DD = \left(\Phi_B^k(t) - \Phi_B^j(t)\right) - \left(\Phi_A^k(t) - \Phi_A^j(t)\right) \tag{2.31}$$

という式をつくる。これは位相の二重差と呼ばれている。

位相の二重差を実際に計算してみると，

$$\begin{aligned}DD &= \left(\Phi_B^k(t) - \Phi_B^j(t)\right) - \left(\Phi_A^k(t) - \Phi_A^j(t)\right) \\ &= \left\{\Phi_B^k(t) - \Phi_B^j(t) - \Phi_A^k(t) + \Phi_A^j(t)\right\} \\ &= \frac{1}{\lambda}\left\{\rho_B^k(t) - \rho_B^j(t) - \rho_A^k(t) + \rho_A^j(t)\right\} + \left\{N_B^k - N_B^j - N_A^k + N_A^j\right\}\end{aligned} \tag{2.32}$$

となる。

この中には，$\delta_A(t)$，$\delta_B(t)$，$\delta^j(t)$，$\delta^k(t)$ という時計の誤差を表す項が含まれていないことがわかる。つまり，位相の二重差の式から出発して測位計算を行えば，時計の誤差の影響を受けない解が得られるということになる。このため，位相の二重差の式は，精度の高い GPS 測位の基本式として使われている。

この位相の二重差の式を書き直し，$\rho_B^k(t)$，$\rho_B^j(t)$ の中に含まれている B 点の座標 (x_B, y_B, z_B) をあらわに示せば

$$\begin{aligned}\Phi_{AB}^{kj} &= \frac{1}{\lambda}\left\{\sqrt{(x^k - x_B)^2 + (y^k - y_B)^2 + (z^k - z_B)^2} - \rho_A^k(t)\right\} \\ &\quad - \frac{1}{\lambda}\left\{\sqrt{(x^j - x_B)^2 + (y^j - y_B)^2 + (z^j - z_B)^2} - \rho_A^j(t)\right\} + N_{AB}^{kj}\end{aligned} \tag{2.33}$$

となる。

ただしここで，$\Phi_{AB}^{kj} = \Phi_B^k(t) - \Phi_B^j(t) - \Phi_A^k(t) + \Phi_A^j(t)$，$N_{AB}^{kj} = N_B^k - N_B^j - N_A^k + N_A^j$ と置いた。

左辺は位相観測量である。未知量は B 点の座標 (x_B, y_B, z_B) と N_{AB}^{kj} である。N_{AB}^{kj}

は整数値アンビギュイティーと呼ばれている。これが二重位相差モデルでの基本観測式になる。観測量と未知量との関係を表しており，位相観測の数学モデルと呼ばれているものである。測位計算はこの式から出発する。未知量を求めるためには，未知量の数を上回る二重位相差の観測が必要になる。このため，観測する衛星の数を増やすとともに，t とは違うエポック（観測時間）での観測を行う必要がある。単独測位の場合と異なり，この場合観測する衛星の数が増えると未知量である整数値アンビギュイティーの数も増える。

今，図-2.15 のように 4 つの衛星を 2 台の受信機で観測したとしよう。あるエポックを考えると，二重位相差は例えば Φ_{AB}^{12}，Φ_{AB}^{13}，Φ_{AB}^{14} のように 3 個できる。

$$
\begin{aligned}
\Phi_{AB}^{12} &= \left(\Phi_B^2 - \Phi_A^2\right) - \left(\Phi_B^1 - \Phi_A^1\right) \\
\Phi_{AB}^{13} &= \left(\Phi_B^3 - \Phi_A^3\right) - \left(\Phi_B^1 - \Phi_A^1\right) \\
\Phi_{AB}^{14} &= \left(\Phi_B^4 - \Phi_A^4\right) - \left(\Phi_B^1 - \Phi_A^1\right)
\end{aligned}
\quad (2.34)
$$

これ以外に Φ_{AB}^{23}，Φ_{AB}^{24}，Φ_{AB}^{34} という二重位相差もできるが，これらは式（2.34）から簡単につくることができるから，意味のある独立した二重差の式は 3 個だけである。二重位相差の式はどの 3 個を選択しても良い。3 個の二重位相差の式に対して，未知数の数は 3 個の未知点座標と 3 個の整数値アンビギュイティーの計 6 個である。これでは解けないので，エポックを変えて同じような観測を行う。すると，さらに 3 個の二重位相差の式が得られる。新しい二重位相差の式に含まれる整数値アンビギュイティーは，同じ衛星を追跡していれば前のエポックの整数値アンビギュイティーと同じであるから，未知数の数は変わらず 6 個である。観

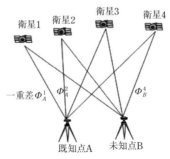

図-2.15　4 衛星の観測

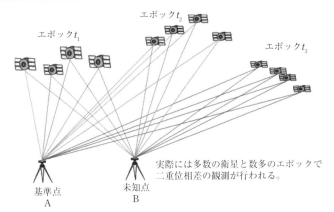

図-2.16 多数のエポックでの位相観測

測の式が6個で未知数が6個であるから，原理的にはこの4衛星，2エポックの二重位相差観測をすれば解は得られる。

実際には，多数の衛星を数多くのエポックで観測して未知数の数をはるかに上回る二重位相差の観測式をつくり，最小二乗法的に解を決定する。

2.5.2 相対測位の観測方程式と最小二乗解

式（2.33）で二重位相差観測の式が

$$\Phi_{AB}^{kj} = \frac{1}{\lambda}\left\{\sqrt{(x^k-x_B)^2+(y^k-y_B)^2+(z^k-z_B)^2} - \rho_A^k(t)\right\}$$
$$-\frac{1}{\lambda}\left\{\sqrt{(x^j-x_B)^2+(y^j-y_B)^2+(z^j-z_B)^2} - \rho_A^j(t)\right\} + N_{AB}^{kj}$$

で与えられた。

ここで，$\Phi_{AB}^{kj} = \Phi_B^k(t) - \Phi_B^j(t) - \Phi_A^k(t) + \Phi_A^j(t)$, $N_{AB}^{kj} = N_B^k - N_B^j - N_A^k + N_A^j$ である。
これを

$$\lambda\Phi_{AB}^{jk} = \sqrt{(x^k-x_B)^2+(y^k-y_B)^2+(z^k-z_B)^2} - \rho_A^k(t)$$
$$-\sqrt{(x^j-x_B)^2+(y^j-y_B)^2+(z^j-z_B)^2} + \rho_A^j(t) + \lambda N_{AB}^{jk} \quad (2.35)$$

と書こう。

この式で $\lambda\Phi_{AB}^{jk}(t)$ を新たな観測量と見なし，未知量は B 点の座標 x_B, y_B, z_B とア

ンビギュイティーN_{AB}^{jk}とする数学モデルを考える。

ここからは，附章の最小二乗法の手順で計算することになる。

未知量を概略値と補正量
$$x_B = x_B^0 + \delta x_B, \quad y_B = y_B^0 + \delta y_B, \quad z_B = z_B^0 + \delta z_B$$
に，また観測量を観測値と残差
$$\lambda \Phi_{AB}^{jk}(t) = \lambda \Phi_{AB}^{jk}(t)_{ob} + v_{AB}^{jk}(t)$$
に分けて，補正量は微小量だとしてこの数学モデルを補正量に関してテイラー展開して線形化する（未知量N_{AB}^{jk}はすでに線形になっているのでそのまま使う）。

すると線形化された式（観測方程式）が
$$v_{AB}^{jk}(t) = a_{XB}^{jk}(t)\delta x_B + a_{YB}^{jk}(t)\delta y_B + a_{ZB}^{jk}(t)\delta z_B + \lambda N_{AB}^{jk} + l_{AB}^{jk} \tag{2.36}$$
のように得られる。ここで，各係数は
$$\begin{aligned}
a_{XB}^{jk}(t) &= \frac{\partial \rho_B^k(t)}{\partial x_B} - \frac{\partial \rho_B^j(t)}{\partial x_B} = -\frac{x^k(t) - x_B^0}{\rho_B^k(t)^0} + \frac{x^j(t) - x_B^0}{\rho_B^j(t)^0} \\
a_{YB}^{jk}(t) &= \frac{\partial \rho_B^k(t)}{\partial y_B} - \frac{\partial \rho_B^j(t)}{\partial y_B} = -\frac{y^k(t) - y_B^0}{\rho_B^k(t)^0} + \frac{y^j(t) - y_B^0}{\rho_B^j(t)^0} \\
a_{ZB}^{jk}(t) &= \frac{\partial \rho_B^k(t)}{\partial z_B} - \frac{\partial \rho_B^j(t)}{\partial z_B} = -\frac{z^k(t) - z_B^0}{\rho_B^k(t)^0} + \frac{z^j(t) - z_B^0}{\rho_B^j(t)^0}
\end{aligned} \tag{2.37}$$

$$l_{AB}^{jk} = \rho_B^k(t)^0 - \rho_B^j(t)^0 - \rho_A^k(t) + \rho_A^j(t) - \lambda \Phi_{AB}^{jk}(t)_{ob}$$
である。

また例えば
$$\rho_B^k(t)^0 = \sqrt{\left(x^k(t) - x_B^0\right)^2 + \left(y^k(t) - y_B^0\right)^2 + \left(z^k(t) - z_B^0\right)^2} \tag{2.38}$$
は受信機の概略位置と衛星との距離を表している。

このような観測方程式は，二重位相差の観測ごとにできる。例として，4衛星j, k, l, mをエポックt_1, t_2, t_3に観測した場合を考えよう。

4衛星j, k, l, mに対する二重位相差の観測を行えば，式（2.36）のような観測方程式がエポックごとに3個ずつできる。すなわち

$$v_{AB}^{jk}(t) = a_{XB}^{jk}(t)\delta x_B + a_{YB}^{jk}(t)\delta y_B + a_{ZB}^{jk}(t)\delta z_B + \lambda N_{AB}^{jk} + l_{AB}^{jk}$$

$$v_{AB}^{jl}(t) = a_{XB}^{jl}(t)\delta x_B + a_{YB}^{jl}(t)\delta y_B + a_{ZB}^{jl}(t)\delta z_B + \lambda N_{AB}^{jl} + l_{AB}^{jl} \qquad (2.39)$$

$$v_{AB}^{jm}(t) = a_{XB}^{jm}(t)\delta x_B + a_{YB}^{jm}(t)\delta y_B + a_{ZB}^{jm}(t)\delta z_B + \lambda N_{AB}^{jm} + l_{AB}^{jm}$$

である。3つのエポックすべての観測方程式を行列の形に並べれば次のようになる。

$$\begin{bmatrix} v_{AB}^{jk}(t_1) \\ v_{AB}^{jl}(t_1) \\ v_{AB}^{jm}(t_1) \\ v_{AB}^{jk}(t_2) \\ v_{AB}^{jl}(t_2) \\ v_{AB}^{jm}(t_2) \\ v_{AB}^{jk}(t_3) \\ v_{AB}^{jl}(t_3) \\ v_{AB}^{jm}(t_3) \end{bmatrix} = \begin{bmatrix} a_{XB}^{jk}(t_1) & a_{YB}^{jk}(t_1) & a_{ZB}^{jk}(t_1) & \lambda & 0 & 0 \\ a_{XB}^{jl}(t_1) & a_{YB}^{jl}(t_1) & a_{ZB}^{jl}(t_1) & 0 & \lambda & 0 \\ a_{XB}^{jm}(t_1) & a_{YB}^{jm}(t_1) & a_{ZB}^{jm}(t_1) & 0 & 0 & \lambda \\ a_{XB}^{jk}(t_2) & a_{YB}^{jk}(t_2) & a_{ZB}^{jk}(t_2) & \lambda & 0 & 0 \\ a_{XB}^{jl}(t_2) & a_{YB}^{jl}(t_2) & a_{ZB}^{jl}(t_2) & 0 & \lambda & 0 \\ a_{XB}^{jm}(t_2) & a_{YB}^{jm}(t_2) & a_{ZB}^{jm}(t_2) & 0 & 0 & \lambda \\ a_{XB}^{jk}(t_3) & a_{YB}^{jk}(t_3) & a_{ZB}^{jk}(t_3) & \lambda & 0 & 0 \\ a_{XB}^{jl}(t_3) & a_{YB}^{jl}(t_3) & a_{ZB}^{jl}(t_3) & 0 & \lambda & 0 \\ a_{XB}^{jm}(t_3) & a_{YB}^{jm}(t_3) & a_{ZB}^{jm}(t_3) & 0 & 0 & \lambda \end{bmatrix} \begin{bmatrix} \delta x_B \\ \delta y_B \\ \delta z_B \\ N_{AB}^{jk} \\ N_{AB}^{jl} \\ N_{AB}^{jm} \end{bmatrix} + \begin{bmatrix} l_{AB}^{jk}(t_1) \\ l_{AB}^{jl}(t_1) \\ l_{AB}^{jm}(t_1) \\ l_{AB}^{jk}(t_2) \\ l_{AB}^{jl}(t_2) \\ l_{AB}^{jm}(t_2) \\ l_{AB}^{jk}(t_3) \\ l_{AB}^{jl}(t_3) \\ l_{AB}^{jm}(t_3) \end{bmatrix}$$

$$(2.40)$$

これを行列式

$$V = AX - L \qquad (2.41)$$

と表記すれば、V, A, X, L は以下のようになる。

$$V = \begin{bmatrix} v_{AB}^{jk}(t_1) \\ v_{AB}^{jl}(t_1) \\ v_{AB}^{jm}(t_1) \\ v_{AB}^{jk}(t_2) \\ v_{AB}^{jl}(t_2) \\ v_{AB}^{jm}(t_2) \\ v_{AB}^{jk}(t_3) \\ v_{AB}^{jl}(t_3) \\ v_{AB}^{jm}(t_3) \end{bmatrix} \quad A = \begin{bmatrix} a_{XB}^{jk}(t_1) & a_{YB}^{jk}(t_1) & a_{ZB}^{jk}(t_1) & \lambda & 0 & 0 \\ a_{XB}^{jl}(t_1) & a_{YB}^{jl}(t_1) & a_{ZB}^{jl}(t_1) & 0 & \lambda & 0 \\ a_{XB}^{jm}(t_1) & a_{YB}^{jm}(t_1) & a_{ZB}^{jm}(t_1) & 0 & 0 & \lambda \\ a_{XB}^{jk}(t_2) & a_{YB}^{jk}(t_2) & a_{ZB}^{jk}(t_2) & \lambda & 0 & 0 \\ a_{XB}^{jl}(t_2) & a_{YB}^{jl}(t_2) & a_{ZB}^{jl}(t_2) & 0 & \lambda & 0 \\ a_{XB}^{jm}(t_2) & a_{YB}^{jm}(t_2) & a_{ZB}^{jm}(t_2) & 0 & 0 & \lambda \\ a_{XB}^{jk}(t_3) & a_{YB}^{jk}(t_3) & a_{ZB}^{jk}(t_3) & \lambda & 0 & 0 \\ a_{XB}^{jl}(t_3) & a_{YB}^{jl}(t_3) & a_{ZB}^{jl}(t_3) & 0 & \lambda & 0 \\ a_{XB}^{jm}(t_3) & a_{YB}^{jm}(t_3) & a_{ZB}^{jm}(t_3) & 0 & 0 & \lambda \end{bmatrix} \quad X = \begin{bmatrix} \delta x_B \\ \delta y_B \\ \delta z_B \\ N_{AB}^{jk} \\ N_{AB}^{jl} \\ N_{AB}^{jm} \end{bmatrix} \quad L = \begin{bmatrix} -l_{AB}^{jk}(t_1) \\ -l_{AB}^{jl}(t_1) \\ -l_{AB}^{jm}(t_1) \\ -l_{AB}^{jk}(t_2) \\ -l_{AB}^{jl}(t_2) \\ -l_{AB}^{jm}(t_2) \\ -l_{AB}^{jk}(t_3) \\ -l_{AB}^{jl}(t_3) \\ -l_{AB}^{jm}(t_3) \end{bmatrix}$$

$$(2.42)$$

観測方程式をこのように行列で表記できれば，あとは単独測位の場合と同じように附章の最小二乗法の計算手順に沿って以下のように最小二乗解が求まる．

最小二乗解：$X_a = X_0 + \hat{X} = X_0 + (A^T P A)^{-1} A^T P L$ (2.43)

解の精度：$\sum_{\hat{X}} = \hat{\sigma}_0^2 (A^T P A)^{-1}$　ただし $\hat{\sigma}_0^2 = \dfrac{\hat{v}^T P \hat{v}}{n-u}$ (2.44)

ここで，P は $P = \sigma_0^2 \sum_{ob}^{-1}$ と観測の分散 $\sum_{ob}$ から計算される観測の重みである．

実際には，このような同一4衛星に対する二重位相差観測方程式は，仮に1秒間隔のエポック観測が行われたとすると，10分間の衛星追跡で600エポックの観測になる．1エポックで3つの観測方程式だから，10分間の観測でも1 800個の観測方程式ができる．また，他の衛星に対しても同様な二重位相差観測方程式がつくられるから，これらを全部まとめた観測方程式の数は，通常の測量では考えられないくらい膨大なものになる．コンピュータだからこそ，これだけの観測量の最小二乗計算を処理できるのである．

2.5.3 整数値アンビギュイティー

前節で相対測位の観測方程式 $V = AX - L$ をつくり，これを最小二乗法的に解いた．前節の場合，未知量はB点の座標 x_B, y_B, z_B とアンビギュイティー N_{AB}^{jk} …である．アンビギュイティー N_{AB}^{jk} の数は，例えば4衛星だけを連続して観測すれば，独立な二重位相差が3個できるから3つだし，5衛星だけを連続して観測すれば4つである（同じ衛星を追い続けるかぎり，エポックが変わってもアンビギュイティーは一定である）．未知量 $(x_B, y_B, z_B, N_{AB}^{jk}, \cdots)$ の最小二乗解で，アンビギュイティー N_{AB}^{jk} は一般に実数で与えられる．

最小二乗計算で，最初にこの実数値アンビギュイティー N_{AB}^{jk} と一緒に得られた未知点座標 x_B, y_B, z_B のことをフロート解と呼んでいる．しかしながら，アンビギュイティー N_{AB}^{jk} は，定義式 $N_{AB}^{kj} = N_B^k - N_B^j - N_A^k + N_A^j$ からわかるように本来，整数値でなければならない．

したがって，最小二乗計算はこれで終わりではなく，本来の正しい整数値アンビギュイティー N_{AB}^{jk} を推定し，この整数値アンビギュイティー N_{AB}^{jk} に対応した未知点座標 x_B, y_B, z_B を求め直す必要がある．最も単純な方法は以下のようである．まず，得られたアンビギュイティーの中で，最も整数値に近く最小の標準偏差を

2.5 位相擬似距離観測

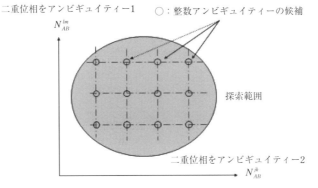

（アンビギュイティーの数をn個とすると，実際には
n次元空間での探索範囲になる）

図-2.17 アンビギュイティーの探索範囲

もつアンビギュイティーを，最も良く推定されたアンビギュイティーとして整数値に固定する（丸める）。次に，この固定したアンビギュイティー以外のアンビギュイティーと未知点座標を，未知量として再度最小二乗計算を行う。後はこの繰り返しでアンビギュイティーを確定していき，最後の平均計算で最終的な未知点座標が求まる。この未知点座標のことをフィックス解とよんでいる（アンビギュイティーがすべて整数値に固定（フィックス）された解という意味である）。

　もう少し一般的なやり方では，整数アンビギュイティーの候補として直近の整数値だけではなく，アンビギュイティーの標準偏差内の整数値も含めるようにする。例えば，最小二乗解であるアンビギュイティーN_1が5 757 348.41，標準偏差1.1だったとしよう。この場合，整数値アンビギュイティーの候補として（5 757 349, 5 757 348, 5 757 347）の3つの整数を考える。他のアンビギュイティーN_2, N_3, N_4に対しても，考えられる候補の数がいずれも3個だったとしよう。

　すると，可能な整数値アンビギュイティーの組み合わせ（N_1, N_2, N_3, N_4）の数は$3^4=81$通り存在する。後は，各組み合わせごとに整数値アンビギュイティーを固定して最小二乗計算を81回繰り返す（この場合アンビギュイティーは固定するから，最小二乗計算の未知量は未知点座標だけである）。最後に，すべての最小二乗計算の中で，最も小さい残差二乗和を与える計算で得られる未知点座標を最終フィックス解として採用する。このような整数値アンビギュイティーの候

補が存在する範囲のことを，探索範囲と呼んでいる．探索範囲を広げれば計算量が増えるし，探索範囲を狭めれば正しい整数値を見逃すおそれがある．いかに最適な探索範囲を設定してアンビギュイティーを解くか，これまで数多くのアンビギュイティー決定手法が開発されてきた．特に次節で説明するキネマティック測位では，短時間に精度よく整数値アンビギュイティーを決めなければならないこともあり，OTF（on the fly）と呼ばれる多くのアンビギュイティー決定法が開発された．内容は入門レベルを超えているので省くが，LAMBDA法と呼ばれているものは，現在最高ランクのアンビギュイティー決定法として広く使われている．

2.6　RTK（リアルタイムキネマティック）測位

　これまで見てきたスタティック相対測位では，基準点と未知点に置かれた受信機は観測時間中固定したままで，観測の後，各受信機の観測データを持ち寄りコンピュータで統合し，解析処理された．時間的に観測と計算処理は別で，いわば後処理測位である．基準点における位相観測データを何らかの通信リンクで未知点側にリアルタイムに送信できれば，その場で未知点の瞬時の測位計算が可能に

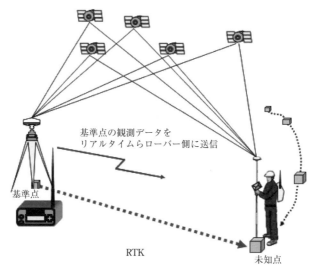

図-2.18　リアルタイムキネマティック測位

2.6 RTK（リアルタイムキネマティック）測位

なる。これはリアルタイムキネマティック（RTK）と呼ばれる観測手法である。

この場合，測位計算はスタティック相対測位と同じように二重位相差を使って行われる。問題は，アンビギュイティーの決定である。スタティック相対測位の場合は長時間かけた観測からアンビギュイティーを決定しているが，RTKの場合は瞬時に測位結果を出さなければならない。観測の最初に何らかの方法でアンビギュイティーが分かっていれば，同じ衛星を補足し続けているかぎり，アンビギュイティーは変わらず，測位計算はエポックごとにリアルタイムで行える。しかし，観測の途中で障害物等により衛星の補足が途切れると，その度にアンビギュイティーを新たに推定（アンビギュイティーの初期化）する必要がある。以前はこのアンビギュイティー初期化ごとに一定の時間をかけていたが，現在では前節で述べたようにOTF（on the fly）と呼ばれる新しいアルゴリズムが数多く開発され，瞬時にアンビギュイティーが決定できるようになっている。アンビギュイティー決定では，最初の最小二乗計算で求めた実数アンビギュイティーから整数値アンビギュイティーの探索範囲を絞り込み，その中からいかに効率良く真の整数値アンビギュイティーを求めるかが鍵である。OTFでは，探索範囲をできるだけ狭く絞り込む工夫が行われている。それによって，瞬時に信頼性のあるアンビギュイティーが求められるようになっている。RTKは，短基線の場合，センチレベルで基線長を決定できる。基準点の受信機はそのままに，もう一方の受信機をその周りに移動させながら（この移動する観測点をローバー点という），たくさんの未知点の位置決定がリアルタイムで行えるという点で非常に効率の良い観測手法である。ただ，基線長が10 kmを越えるようになると，電離層や大気圏の影響が取り除けずアンビギュイティーの決定が難しくなる。

第3章 衛星測位の誤差

3.1 GPSの誤差

　この章では，GPS測位に影響を及ぼすさまざまな誤差について見てみる。GPS測位の系統的な誤差は，その発生する場所で大きく衛星内，伝播経路上，受信機内と3つに分類できる。衛星内での誤差には衛星軌道誤差と衛星時計誤差が，伝播経路上での誤差にはGPS電波が電離層や大気圏を通過する際に生じる遅延誤差，マルチパス誤差が，また受信機内での誤差には受信機時計誤差，アンテナ位相中心変動誤差がそれぞれ考えられる。はじめに各誤差について概要を説明しよう。そのうち電離層と大気圏の遅延誤差については，節を改め詳しく取り扱うことにする。

3.1.1 衛星軌道誤差

　GPS衛星の位置は，衛星の力学モデルと観測データから推定されるが，モデルもデータも完全ではないため，その推定位置には衛星軌道誤差とよばれる誤差が含まれる。

　GPS衛星の位置計算には，放送暦と精密暦が使われる。放送暦は，DoDのGPS地上監視局で観測したデータに基づき予測した衛星の推定軌道で，4時間ごとに更新されており，その誤差は数mの大きさである。一方精密暦は，世界中のさまざまな研究機関により観測解析した軌道データをIGS（国際GPS事業）が

暦	精度	提供	更新間隔
放送暦	2m	即時	4時間毎
精密暦（IGS）			
超速報暦（予報）	10cm	即時	6時間毎
超速報暦（決定）	5cm	3時間後	6時間毎
速報暦	5cm	17時間後	1日毎
最終暦	5cm	13日後	1週間毎

図-3.1 放送暦と精密暦

取りまとめているものである。これは IGS 精密暦と呼ばれ，グローバルなおよそ300箇所の観測点データに基づいて決定された衛星軌道データで，提供までの時間によって最終暦，速報暦，超速報暦とわかれている。そのうち超速報暦には放送暦のような予報値も含まれている。その誤差はデジメーターのオーダーである。

3.1.2 衛星時計誤差と受信機時計誤差

衛星の原子時計の安定性は 10^{-13} sec と非常に高いが，それでも例えば1日あたりでは，10 ns のドリフト（誤差）が生じる。これは距離に直すと約3 m の誤差に相当する。地上の管制局では衛星の原子時計のドリフトを監視しており，このドリフトを補正するための係数と基準時刻 a_0, a_1, a_2, t_e が航法メッセージの一部として放送されている。これらを使って式

$$\delta^s = a_0 + a_1(t-t_c) + a_2(t-t_e)^2 \tag{3.1}$$

で衛星時計の補正を行う。この補正を行った後の誤差は数 ns 程度である。

衛星時計誤差は，同じ衛星を観測するすべてのユーザーに共通であるから，ユーザー間で差分を取れば取り除くことができる。高精度を必要とする相対測位では，二重差をとることによりこれを実現している。

一方受信機時計には安価な水晶時計が使われており，その安定性は 10^{-6} sec のオーダーで原子時計に比べてはるかに低い。そのため受信機時計誤差は，受信機時計誤差そのものを未知量として解くか，あるいは相対測位の場合のように衛星間で差分をとることにより取り除いている。

3.1.3 電離層と大気圏の伝播遅延誤差

GPS 衛星から送信された電波は，受信機に届くまでの間，電離層と大気圏で

屈折されその方向と速度が変化する。このため位相あるいはコードでの距離観測は，屈折変化した信号に基づく距離観測となり測定距離に誤差（遅延誤差と呼ばれている）が生じる。

3.1.4 マルチパス誤差

GPS衛星からの信号がアンテナ周辺の構造物や地面，水面等で反射されてアンテナに入ると，GPS衛星から直接アンテナに入る本来の信号と干渉を起こす。その結果コード観測や位相観測に誤差をもたらす。この誤差をマルチパス誤差と呼んでいる。マルチパス誤差の大きさは，位相観測の場合で1/4波長（L1波で4.8 cm），コード観測の場合で数mに達することがある。マルチパスは反射物の幾何学的配置に依存するから，一般的なマルチパスの補正モデルをつくるのは難しい。したがってマルチパスに対しては，近くに金属構造物や水面といった反射面がないところをアンテナの設置場所として選ぶとか，反射波を減衰させる効果のあるチョークリングアンテナや電波吸収素材を使ったアンテナプレーンを使うといった対応が必要になる。

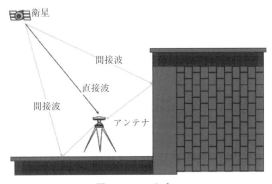

図-3.2 マルチパス

3.1.5 アンテナ位相中心変動（PCV）誤差

GPS衛星からの信号はアンテナで受信され電流へ変換されて受信機に送られる。このGPS信号が受信されるアンテナの電気的な中心点は，アンテナ位相中心（antena phase center）と呼ばれている。一般的にアンテナ位相中心は，アン

第 3 章 衛星測位の誤差

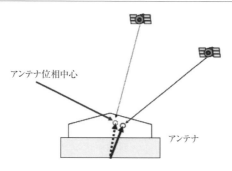

アンテナ位相中心が電波の入射方向により変化する
図-3.3 PCV

テナの形状的な中心とは一致せず，GPS 信号のアンテナに対する入射角度（衛星の高度角や方位角）あるいは電波の周波数によってもその位置が変動する。この変動がアンテナ位相中心変動（PCV）である。PCV の大きさは，アンテナのタイプにより異なるが，数センチのオーダーである。PCV はモデル化することが難しいので，アンテナメーカーはアンテナ機種ごとにキャリブレーションを行い PCV 補正量を求めている。この場合，方位角による依存性は，観測される GPS 衛星の分布が対称的であると仮定すれば影響しないので，通常は高度角に対する PCV 補正量だけが考慮される。

相対測位で同じアンテナを同一方向に向けて使う場合は，PCV 誤差は相殺されるが，異機種のアンテナを使う場合は，この PCV 補正を考慮する必要がある。

3.2 電離層の影響　概要

地上およそ 50 km から 1 000 km の範囲は，電離層と呼ばれている。ここでは，太陽から放射される紫外線や X 線が，大気分子と衝突することによって，分子のイオン化が起きている。イオン化は，マイナスの電荷をもつ自由電子とプラスの電荷をもつイオン原子，分子をつくり出す。電離層は，この自由電子，イオンの密度等の違いにより，D 層（50-90 km），E 層（90-140 km），F1 層（140-210 km），F2 層（210-1 000 km）と分けられているが，このうち F2 層の高度 300km 付近でのイオン化が特に顕著である。各層の高度や厚さは，太陽からの

放射や地球磁場との関係で時々刻々と変化している。

　GPS 衛星からの信号電波がこのイオン化されている電離層を通過すると，その伝播方向と伝播速度が変化するという電離層屈折が生じる。GPS による観測は衛星と受信機間の距離を電波を使って測定するものであるから，この電離層屈折により GPS 衛星－受信機間の測定距離が変化する。電離層屈折により測定値に生じるこの距離変化のことを電離層遅延（距離変化を電波の遅れ時間に換算したもの）と呼んでいる。電離層遅延は，後節で見るように伝播経路上の自由電子数に比例することが知られている。イオン化によって生じる観測点上空の自由電子数は，太陽や地球磁場との関係で時々刻々と変化をしている。1日のうちでは，太陽の当たる正午過ぎに最大になり，真夜中に最小になる。季節によっても変化するし，黒点変動のような長期的な太陽活動の周期（11年）によっても変化する。また，この上空の自由電子数は時間的に変わるだけでなく，観測点の場所によっても異なる変化をする。GPS 信号の電離層遅延を推定するためには，このように複雑に変化する自由電子数の分布をモデル化する必要があるが，現在のところは Klobuchar モデルと呼ばれている簡易モデルしか実用化されていない。GPS 衛星から送られてくる航法メッセージには，電離層の伝播遅延量をこの Klobuchar モデルで計算できるパラメータが含まれている。中緯度地方での典型

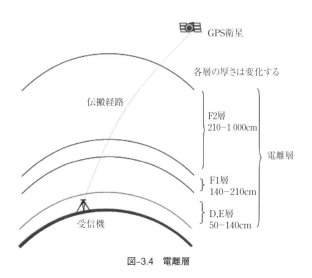

図-3.4　電離層

的な電離層遅延量は，天頂方向で，夜間1〜3m，昼間5〜15m程度である。Klobucharモデルを使うことにより，この遅延量のおよそ半分程度は補正できる。単独測位の場合は，これを使用している。しかし精密測位の場合は，このようなモデルによる補正計算では不十分であり，後節で説明する二波長観測を行うか，あるいは相対測位での二重位相差をとるといった手法を採用することにより，電離層遅延の影響を取り除いている。

3.2.1 位相速度と群速度

電離層を通過する電波の伝播速度は，その周波数により異なる。この現象は分散と呼ばれている。GPSの場合，観測がコード観測と位相観測にわかれていることが，さらに問題を複雑にしている。位相観測では，L1あるいはL2といった波長の搬送波の位相を観測する。今時間的に周波数 f で振動しながら，空間的に1次元の x 方向に進む波長 λ の正弦波を考えよう。このような正弦波は

$$f = \sin(k \cdot x - \omega \cdot t) \tag{3.2}$$

の形で表すことができる。ここで，k は波数，ω は角周波数と呼ばれており，それぞれ周波数，波長と

$$k = \frac{2\pi}{\lambda}, \quad \omega = 2\pi f \tag{3.3}$$

なる関係にある。

この正弦波の伝播の様子は図-3.5に示すように，正弦波の山の位置が1周期 $T = 1/f$ の間にちょうど1波長 λ だけ進むことで表される。その伝播速度 v_{ph} は，進んだ距離 / かかった時間，であるから

$$v_{ph} = \lambda / T = \lambda \cdot f \tag{3.4}$$

となる。これは位相速度と呼ばれており，単一の波の位相が伝播する速さを表し

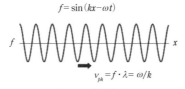

図-3.5 位相速度

ている。このことは，正弦波の位相 $\Phi = k \cdot x - \omega \cdot t$ が一定である点の動く速度は，位相一定の条件（$\dot{\Phi} = k \cdot \dot{x} - \omega = 0$）から $\dot{x} = \omega/k = \lambda \cdot f$ と得られることからもわかる。

一方コード観測の場合，観測するのはパルス状のコード信号である。コード信号は「1.3.3 スペクトル拡散変調」のところで見たように，さまざまな周波数の正弦波を重ね合わせた波である。このような合成波の場合，パルス状のかたまりが移動する速度（重ね合わせた波の包絡線の移動する速度）は，単一の波の位相が進む速度とは異なり，群速度と呼ばれている。このことは，次の数式で確かめられる。今，周波数，波長がわずかに異なる次のような2つの正弦波 f_1, f_2 を考えよう。

$$f_1 = \sin((k+\Delta k)x - (\omega+\Delta\omega)t)$$
$$f_2 = \sin((k-\Delta k)x - (\omega+\Delta\omega)t)$$
(3.5)

この2つの正弦波を重ね合わせた波は，三角関数の加法定理を使えば

$$f_1 + f_2 = 2\cos(\Delta k \cdot x - \Delta\omega \cdot t) \cdot \sin(k \cdot x - \omega \cdot t)$$
(3.6)

と書くことができる。

この式は，2つの正弦波の重ね合わせにより**図-3.6**のようにうなりが生じ，うなりの包絡線の形が $2\cos(\Delta k \cdot x - \Delta\omega \cdot t)$ であることを示している。この包絡線の形が移動する速度は，$\Delta k \cdot \dot{x} - \Delta\omega = 0$（包絡線位相一定の条件）から $\dot{x} = \Delta\omega/\Delta k$ である。これがかたまりとしての波が移動する速度で群速度と呼ばれているものである。

さらに，多数の波が合わさった一般的な場合，群速度は角周波数 $\omega = 2\pi f$ を波数 $k = 2\pi/\lambda$ で微分した式

$$v_{gr} = d\omega/dk$$
(3.7)

で与えられる。

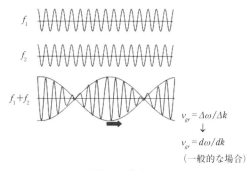

図-3.6 群速度

3.2.2 電離層遅延

電離層遅延を求めるためには，電離層での屈折率を知らなければならない。はじめに搬送波の屈折率である位相屈折率から見てみよう。この場合の屈折率としては，通常アップルトン・ハートレーの式とよばれている次式が使われる。

$$n^2 \cong 1 - \frac{f_p^2}{f^2} \tag{3.8}$$

ここで，n は屈折率，f は搬送波の周波数，f_p はプラズマ周波数と呼ばれている定数である。観測から，プラズマ周波数は自由電子密度 N_e を使って $f_p^2 = 80.6 N_e$ で与えられている。

この式を使うと $n = \sqrt{1 - f_p^2/f^2} \cong 1 - \frac{f_p^2}{2f^2} = 1 - \frac{40.3 N_e}{f^2}$ であるから，伝播速度は

$$v = c/n = c/\left(1 - \frac{40.3 N_e}{f^2}\right) \cong c\left(1 + \frac{40.3 N_e}{f^2}\right) \equiv v_{ph} \tag{3.9}$$

となる。これが搬送波の位相速度 v_{ph} である。

群速度 v_{gr} は，以下に示すように導くことができる。

位相速度の式 $v_{gh} = \lambda \cdot f$ と，角周波数 $\omega = 2\pi f$，波数 $k = \frac{2\pi}{\lambda}$ の定義から

$$\omega = k \cdot v_{ph} \tag{3.10}$$

であることがわかる。

したがって，「3.2.1 位相速度と群速度」で導いた群速度の式 $v_{gr} = \frac{d\omega}{dk}$ を使えば，

$$\begin{aligned} v_{gr} &= \frac{d\omega}{dk} = \frac{d}{dk}(k \cdot v_{ph}) = v_{ph} + k\frac{dv_{ph}}{dk} \\ &= v_{ph} + k\frac{dv_{ph}}{d\lambda}\frac{d\lambda}{dk} = v_{ph} - \lambda\frac{dv_{ph}}{d\lambda} \end{aligned} \tag{3.11}$$

と位相速度から求めることができる。

この式で $\lambda \frac{d}{d\lambda} = -f \frac{d}{df}$ であることを考慮し，$v_{ph} = c\left(1 + \frac{40.3 N_e}{f^2}\right)$ を代入すると

$$v_{gr} = v_{ph} - \lambda \frac{dv_{ph}}{d\lambda} = v_{ph} + f\frac{dv_{ph}}{df} = c\left(1 - \frac{40.3 N_e}{f^2}\right) \tag{3.12}$$

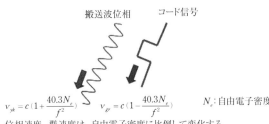

図-3.7 2つの電離層遅延

が得られる。

結局位相速度と群速度は，次のように表せる。

$$位相速度：v_{ph} = c\left(1 + \frac{40.3 N_e}{f^2}\right), \quad 群速度：v_{gr} = c\left(1 - \frac{40.3 N_e}{f^2}\right) \tag{3.13}$$

すなわち位相速度と群速度は，自由電子密度 N_e に比例してその速度が正反対に変化する。自由電子密度が大きくなれば位相速度は大きくなり，群速度は逆に小さくなる。このためGPS衛星と受信機間の幾何学的な距離に比べて，位相擬似距離は短かめに，またコード擬似距離は長めにそれぞれ観測されることになる。この擬似距離と幾何学的な距離との差が電離層遅延である。位相観測の場合，これは屈折距離と幾何学距離の差，

$$I_{ph} = \int (n_{ph} - 1) \, ds = -\frac{40.3}{f^2} \int N_e ds = -\frac{40.3}{f^2} TEC \tag{3.14}$$

で与えられる。ここで TEC は，伝播経路上の総自由電子数を表している。同様にしてコード観測の場合の電離層遅延は

$$I_{gr} = \frac{40.3}{f^2} TEC \tag{3.15}$$

となる。

3.2.3 Klobuchar モデル

コード観測の電離層遅延は，式（3.15） $I_{gr} = \dfrac{40.3}{f^2}TEC$ で表された。TEC を求めるためには，電離層中の三次元的な自由電子分布が必要であるが，これを2次元的な簡略モデルで表すのが，単一層モデルと呼ばれている Klobuchar モデルである。これは電離層を上下方向に圧縮して，自由電子はある高度の薄い球殻にのみ存在するとして取り扱うモデルである。電離層遅延は，この球殻上の自由電子密度を適当な関数で表すことにより計算される。

今図-3.8 のように衛星からの電波が，この球殻を IP で横切り観測点 P に届くとしよう。IP は電離層貫通点と呼ばれている。単一層モデルでは，IP における自由電子密度 σ で，垂直方向の総自由電子数 VTEC が与えられる。すると TEC は，IP における衛星の天頂角 z' を使うと近似的に $TEC = VTEC/\cos z'$ と表せる（1/$\cos z'$ は垂直方向と視線方向の経路長の比を表すので）から，式（3.15）の電離層遅延は

$$I_{gr} = \frac{1}{\cos z'} \frac{40.3}{f^2} \sigma \tag{3.16}$$

となる。

問題は，球殻上の自由電子密度 σ の具体的な表現である。IGS 等の機関は，グ

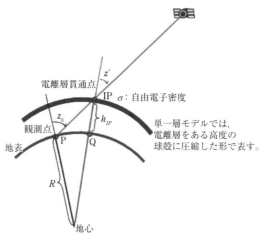

図-3.8　電離層の単一層モデル

3.2 電離層の影響 概要

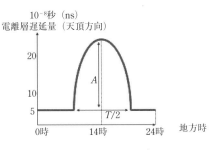

図-3.9 Klobuchar モデル

ローバルな GPS 観測から得られた GIM と呼ばれるモデルで σ の値を提供している。Klobuchar モデルでは，あるパラメータを使って計算する。

図-3.9 のように電離層遅延量の日変化（これは球殻上の自由電子密度の日変化でもある）を，夜間は一定値で，また昼間は 14 時（地方時）にピークをもつ余弦関数で近似する。また余弦関数の振幅と周期は，電離層貫通点 IP の位置から計算される。最終的な電離層遅延量（コード観測）は，次のような式で表される。

$$I = \begin{cases} \dfrac{1}{\cos z'}\left(A_0 + A\cos\left(\dfrac{2\pi(t-T_0)}{T}\right)\right) & T_0 - \dfrac{T}{2} \leq t \leq T_0 + \dfrac{T}{2} \\ \dfrac{1}{\cos z'} A_0 & \text{上記以外} \end{cases} \quad (3.17)$$

ここで，$A_0 = 5 \cdot 10^{-9}$ sec

$T_0 = 50\,400$ sec $= 14$ h

$t \equiv$ 観測時（地方時） (3.18)

$$A = \sum_{n=0}^{3} \alpha_n \left(\varphi_{IP}^m\right)^n, \quad T = \sum_{n=0}^{3} \beta_n \left(\varphi_{IP}^m\right)^n$$

である。また，φ_{IP}^m は地磁気極（78.3°N，291°E）に対する電離層貫通点 IP の地磁気緯度であり，α_n，β_n は航法メッセージにも含まれているこのモデルのパラメータである。

電離層（あるいは対流圏）遅延という言葉は，時間の単位でも距離の単位でも使われる。この Klobuchar モデルでは，時間の単位で表されている。

3.2.4　二波長観測による電離層遅延の消去

位相観測での電離層遅延は，式（3.14）$I_{ph} = -40.3TEC/f^2$ で与えられた。すなわち位相観測に及ぼす電離層の影響は，総電子数 TEC と搬送波周波数の関数で表されている。したがって，搬送波周波数を変えて位相観測すれば，計算上 TEC の影響を受けない位相観測方程式をつくることができる。このことを見てみよう。位相擬似距離観測式に電離層遅延を考慮して，2つの搬送波 L1，L2 の位相観測量 Φ_1, Φ_2（サイクル単位）を書き表す。その際，電離層遅延も波長で割って，サイクル数単位 $-40.3TEC(cf)$ で表す。すると

$$\Phi_1 = \frac{1}{\lambda_1}(\rho + c\Delta\delta) + N_1 - \frac{40.3 \cdot TEC}{cf_1} \tag{3.19}$$

$$\Phi_2 = \frac{1}{\lambda_2}(\rho + c\Delta\delta) + N_2 - \frac{40.3 \cdot TEC}{cf_2} \tag{3.20}$$

である。これから式（3.19）$-\dfrac{f_2}{f_1}$式（3.20）をつくり，TEC が含まれる項を消去すると

$$\Phi_1 - \frac{f_2}{f_1}\Phi_2 = \left(\frac{1}{\lambda} - \frac{f_2}{\lambda_2 f_1}\right)(\rho + \Delta\delta) + \left(N_1 - \frac{f_2}{f_1}N_2\right) \tag{3.21}$$

となることは容易にわかるであろう。この式の左辺には観測量が，また右辺には未知量である位置座標，時計誤差，アンビギュイティーが含まれている。しかし TEC は含まれていない。

ここで，

$$\Phi_{IF} = \Phi_1 - \frac{f_2}{f_1}\Phi_2, \quad \frac{1}{\lambda_{IF}} = \frac{1}{\lambda_1} - \frac{f_2}{\lambda_2 f_1}, \quad N_{IF} = N_1 - \frac{f_2}{f_1}N_2 \tag{3.22}$$

とおけば，式（3.21）は

$$\Phi_{IF} = \frac{1}{\lambda_{IF}}(\rho + \Delta\delta) + N_{IF} \tag{3.23}$$

となるが，これは式（2.25）の位相の観測方程式と同じ形をしている。これを波長 λ_{IF} の仮想的な搬送波による位相観測 Φ_{IF} の観測方程式と考えれば，これは形の上で電離層の影響 TEC を含まない位相観測方程式になっている。Φ_{IF} は電離層の影響を受けない（Ionosphere Free）位相線形結合と呼ばれている。位置を

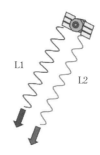

電離層の影響を受けない位相線形結合
$$\Phi_{IF} = \Phi_1 - \frac{f_2}{f_1}\Phi_2$$

図-3.10 二波長観測

求めるためには，通常の位相観測のときのように，この式から出発して二重差をつくり最小二乗法的に解けば良い．この場合，N_{IF} が新しいアンビギュイティーとなるが，N_1 や N_2 がもっているアンビギュイティーの整数性は失われていることに注意が必要である．

3.3　対流圏の影響　概要

　地上からおよそ 40 km 程度までの範囲は，対流圏と呼ばれている（通常対流圏は地上約 10 km までの範囲を言うが，GPS では電離層と対比するために成層圏も含んで対流圏（troposphere）としている）．対流圏は電気的に中性であり，電離層のように伝播速度が周波数によって異なる分散現象は生じない．対流圏での電波信号の遅延（対流圏遅延）は，対流圏での伝播経路上の温度，気圧，湿度によって生じ，伝播経路の行路長の影響を受ける．行路長は，衛星からの電波の入射高度角によって大きく変化する．対流圏遅延の大きさは，衛星が天頂方向の場合に最も小さくおよそ 2 m 程で，衛星の高度が低くなれば 20 ～ 30 m に達する．

　対流圏では，空気（乾燥空気）と水蒸気が電波伝播に対して異なる振る舞いをするため，対流圏遅延を乾燥空気による遅延と水蒸気による遅延のふたつに分けて考える必要がある．乾燥空気による遅延は，全遅延のおよそ 9 割を占め，これは適当な大気モデルを使うことでかなり精度良く計算できる．一方残りの一割を

第 3 章 衛星測位の誤差

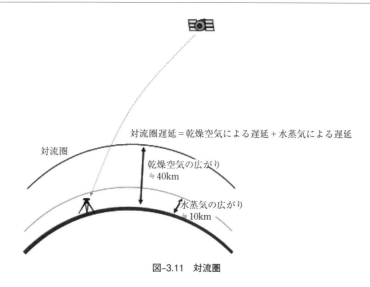

図-3.11 対流圏

占める水蒸気による遅延は，水蒸気の分布が不規則でその推定が難しい。

これまで対流圏遅延を説明するモデルとして，Hopfield モデルや Saastamoinen モデルといったさまざまなモデルが提案されている。単独測位の場合，測位ソフトウェアに組み込まれたこれらのモデルで補正が行われ，対流圏遅延を 0.5 m 程度に小さくできる。相対測位の場合も，基線解析ソフトウェアには，それぞれ採用したモデルに基づく対流圏遅延補正式が組み込まれているが，それによる補正ではもちろん十分ではない。相対測位の場合は，観測法により対流圏遅延を取り除く。基準点と未知点上空の対流圏の状態が同じだと仮定して，一重差，二重差の観測で相殺する。短距離の基線の場合はこれで大部分取り除けるが，基線距離が長くなるとその影響，特に水蒸気の影響を精度良く取り除くのは難しくなる。したがって，高精度な測量を行う場合は大気圏遅延量も未知数として扱い，解析において推定することもある。

3.3.1 Hopfield モデル

GPS 電波に対する大気の屈折率を n とすると，対流圏遅延は伝播経路に沿っての積分

$$T_{trop} = \int (n-1)ds \quad \text{(屈折距離と幾何学距離の差)} \tag{3.24}$$

で表される．屈折率の代わりに $N = 10^6(n-1)$ で定義される屈折指数を使えば，これは

$$T_{trop} = 10^{-6} \int N ds \tag{3.25}$$

と書ける．

Hopfield は，N が乾燥大気による成分 N^d と湿潤大気による成分 N^w に分離できることを示した．すなわち

$$T_{trop} = 10^{-6} \int N^d ds + 10^{-6} \int N^w ds \tag{3.26}$$

である．大気遅延は，高度角が小さくなれば信号が大気を通過する距離も増えるので，遅延量も大きくなる．ここで，高度角が z の場合の遅延量を，天頂方向（$z = 0$）の場合の遅延量に，マッピング関数と呼ばれるある関数を掛け合わせて計算するという簡略化を考える．第1項の乾燥大気の場合，これは

$$10^{-6} \int N^d ds = m^d(z) \cdot 10^{-6} \int_{vertical} N^d dh = m^d(z) \cdot ZHD \tag{3.27}$$

と表すことである．ここで，$m^d(z)$ は乾燥遅延のマッピング関数，ZHD は乾燥屈折指数の鉛直方向積分で天頂静水圧遅延と呼ばれている．最も簡単なマッピング関数は

$$m^d(z) = 1/\cos z \tag{3.28}$$

で，これは天頂方向の伝播距離と天頂角 z 方向の伝播距離の比になっている．現在マッピング関数としては，Niell のマッピング関数等さまざまに提案されている．

Niell のマッピング関数は，次のような複雑な形をしている．

$$m^d(z) = \cfrac{1 + \cfrac{a}{1 + \cfrac{b}{1+c}}}{\sin z + \cfrac{a}{\sin z + \cfrac{b}{\sin z + c}}} + h_{[km]} \left(\cfrac{1}{\sin z} - \cfrac{1 + \cfrac{a_h}{1 + \cfrac{b_h}{1+c_h}}}{\sin z + \cfrac{a_h}{\sin z + \cfrac{b_h}{\sin z + c_h}}} \right) \tag{3.29}$$

ここで，a, b, c, a_h, b_h, c_h は実際の観測データから得られた係数表と，観測点の緯度，高さ，年初からの通算日から計算されるようになっている．

Niell のマッピング関数は，現在標準的なマッピング関数として使われている．

湿潤遅延も同様に湿潤遅延のマッピング関数 $m^w(z)$ と天頂湿潤遅延 ZWD の積で表すと，全遅延は

$$T_{trop} = m^d(z) \cdot ZHD + m^w(z) \cdot ZWD$$

$$= m^d(z) \cdot 10^{-6} \int_{vertical} N^d dh + m^w(z) \cdot 10^{-6} \int_{vertical} N^d dh \quad (3.30)$$

となる。Niell の湿潤遅延のマッピング関数 $m^w(z)$ は，式 (3.29) の第 2 項の高さに依存する項がないだけで同形の式になる。

地表における屈折指数は 1950 年代には研究されて，地表の気圧 p，温度 T，水蒸気分圧 e との関係式

$$N^d \propto p/T \quad (3.31)$$
$$N^w \propto e/T^2 \quad (3.32)$$

が知られていた。問題は，屈折指数の高さへの依存性である。この積分を行うためには，屈折指数と高さの関係が必要になる。

Hopfield は 1969 年，屈折指数が高さ h の 4 次関数で表されるという経験則を仮定して積分を行うとともに，独自のマッピング関数を使って遅延量を求めた。現在良く使われている修正 Hopfield モデルでは，対流圏遅延は

$$T_{trop} = 0.002277 \cos ec(z)\left(1 + 0.0026 \cos(2z) + 0.00028H\right)\left\{P + \left(\frac{1\,225}{T} + 0.05e\right)\right\}$$
$$(3.33)$$

で与えられる。ここで，H は観測点標高 (m)，z は GPS 衛星の天頂角 (度) である。

また，P は気圧 (mBar)，T は温度 (°K)，e は水蒸気分圧 (mBar) である。P，T，e は，海抜 0 m での気圧，温度，相対湿度を，それぞれ $P_0 = 1\,013.25$ mBar，$T_0 = 291.55$ °K(18 ℃)，$RH_0 = 50\%$ とした時の標準大気式

$$P = P_0[1 - 0.0000226H]^{5.225}$$
$$T = T_0 - 0.0065H$$
$$e = RH_0 \cdot \exp(-0.0006396H) \cdot \exp(-37.2465 + 0.213166T - 0.000256908T^2)$$

から計算されるようになっている。

第 4 章　高度な衛星測位

4.1　基本観測式

　前章で電離層，対流圏の影響を議論したので，これらを含んだより一般的な観測モデルを示しておこう。これらの式は，より高度な GPS 測位であるネットワーク型 RTK や，PPP と呼ばれている測位の基本となる式である。本章は，入門レベルからは外れる内容かもしれないが，新しい GPS 測位を知ってもらうため，あえて加えた。最初に読む時は，飛ばしても構わない。

　電離層，対流圏の影響を考慮しない位相擬似距離観測式は，

$$式 (2.23) \quad \Phi = \frac{\rho}{\lambda} + \frac{c}{\lambda}(\delta_R - \delta^s) + N$$

で，またコード擬似距離の観測式は

$$式 (2.3) \quad R = \rho + c(\delta_R - \delta^s)$$

で表された。この式で Φ はサイクル単位になっているが，R と同じく距離単位で表すことにしよう。このため，Φ の両辺に波長 λ を掛け，$\lambda\Phi = \Psi$ と置く。すると

$$\Psi = \rho + c(\delta_R - \delta^s) + \lambda N \tag{4.1}$$

となる。これらに対流圏と電離層による伝播遅延量を考慮すると，次のような対称的な位相とコードの観測式が得られる。

$$\Psi = \rho + c(\delta_R - \delta^s) + \lambda N + T_{trop} - I_{ph} \tag{4.2}$$

$$R = \rho + c(\delta_R - \delta^S) + T_{trop} - I_{gr}$$

ここで，式（3.14），（3.15）を考慮し，

$$I_{ph} = -\frac{40.3}{f^2}TEC \equiv -I$$

$$I_{gr} = \frac{40.3}{f^2}TEC \equiv I \tag{4.3}$$

$$T_{trop} = T$$

と書き換えると観測式は

$$\Psi = \rho + c(\delta_R - \delta^S) + \lambda N + T - I \tag{4.4}$$
$$R = \rho + c(\delta_R - \delta^S) + T + I$$

となる。

　L1 と L2，2つの搬送周波数で観測が行われれば，エポックごとにこのような観測式が次のように4つできる。

$$\Psi_1 = \rho + c(\delta_R - \delta^S) + \lambda_1 N_1 + T - I_1$$
$$\Psi_2 = \rho + c(\delta_R - \delta^S) + \lambda_2 N_2 + T - I_2 \tag{4.5}$$
$$R_1 = \rho + c(\delta_R - \delta^S) + T + I_1$$
$$R_2 = \rho + c(\delta_R - \delta^S) + T + I_2$$

距離の単位で表した電離層遅延量は，$I_i = 40.3 \cdot TEC/f_i^2$，$(i=1,2)$ で表されたから，$I_2 = (f_1/f_2)^2 I_1$ と書けることに留意し，上式を書き直すと

$$\Psi_1 = \rho + c(\delta_R - \delta^S) + T - I_1 + \lambda_1 N_1$$
$$\Psi_2 = \rho + c(\delta_R - \delta^S) + T - (f_1/f_2)^2 I_1 + \lambda_2 N_2 \tag{4.6}$$
$$R_1 = \rho + c(\delta_R - \delta^S) + T + I_1$$
$$R_2 = \rho + c(\delta_R - \delta^S) + T + (f_1/f_2)^2 I_1$$

となる。これらの式が電離層，対流圏の影響も考慮した GPS 観測の一般的な基本観測式となる。

　一般的な基本観測式を行列の形で表すと

$$\begin{bmatrix} \Psi_1 \\ \Psi_2 \\ R_1 \\ R_2 \end{bmatrix} = \begin{bmatrix} 1 & -1 & 1 & 0 \\ 1 & -(f_1/f_2)^2 & 0 & 1 \\ 1 & +1 & 0 & 0 \\ 1 & +(f_1/f_2)^2 & 0 & 0 \end{bmatrix} \begin{bmatrix} \rho + c(\delta_R - \delta^S) + T \\ I_1 \\ \lambda_1 N_1 \\ \lambda_2 N_2 \end{bmatrix} \tag{4.7}$$

と書ける。

4.2 精密単独測位 PPP

基本観測式 (4.7) から
$$\Psi_1 = \rho + c(\delta_R - \delta^S) + T - I_1 + \lambda_1 N_1$$
$$\Psi_2 = \rho + c(\delta_R - \delta^S) + T - (f_1/f_2)^2 I_1 + \lambda_2 N_2 \qquad (4.10)$$
である。これから，
$$\Psi_{IF} = \frac{f_1^2}{f_1^2 - f_2^2}\Psi_1 - \frac{f_2^2}{f_1^2 - f_2^2}\Psi_2 \qquad (4.11)$$
で定義される線形結合を考えよう。すると容易に
$$\Psi_{IF} = \frac{f_1^2}{f_1^2 - f_2^2}\Psi_1 - \frac{f_2^2}{f_1^2 - f_2^2}\Psi_2$$
$$= \rho + c(\delta_R - \delta^S) + T + \frac{f_1^2}{f_1^2 - f_2^2}(\lambda_1 N_1) - \frac{f_2^2}{f_1^2 - f_2^2}(\lambda_2 N_2) \qquad (4.12)$$
となることがわかる。ここで
$$N_{IF} = \frac{f_1^2}{f_1^2 - f_2^2}(\lambda_1 N_1) - \frac{f_2^2}{f_1^2 - f_2^2}(\lambda_2 N_2) \qquad (4.13)$$
とおけば，Ψ_{IF} は
$$\Psi_{IF} = \rho + c(\delta_R - \delta^S) + T + N_{IF} \qquad (4.14)$$
と書ける。この式の右辺には，電離層の遅延量は含まれていない。Ψ_{IF} は，電離層の影響を受けない線形結合である。これは「3.2.4 二波長観測による電離層遅延の消去」で導いた，サイクル単位の電離層の影響を受けない線形結合である式 (3.23) を，距離の単位で表したものに相当する (両者の関係は $\Psi_{IF} = \lambda_{IF}\Phi_{IF}$ である)。

ここで更に，
$$\Psi_{GF} = \Psi_1 - \Psi_2 \qquad (4.15)$$
で定義される線形結合を考えよう。すると基本式から
$$\Psi_{GF} = \Psi_1 - \Psi_2 = (1 - f_1^2/f_2^2)I_1 + N_{GF} \qquad (4.16)$$
となることがわかるであろう。ただしここで，$N_{GF} = \lambda_1 N_1 - \lambda_2 N_2$ である。

この式の右辺には，幾何学的距離 ρ や対流圏遅延 T が含まれていない。

Ψ_{GF} は，幾何学的な影響を受けない線形結合と呼ばれている。

このように Ψ_{IF} や Ψ_{GF} をつくることで，位相観測に含まれている電離層遅延と対流圏遅延を分離あるいは消去することができる。

コード観測の場合も同様に，電離層の影響を受けない線形結合 R_{IF} や，幾何学的な影響を受けない線形結合 R_{GF} を定義できる。これらをまとめて行列式の形で表すと

$$\begin{bmatrix} \Psi_{IF} \\ \Psi_{GF} \\ R_{IF} \\ R_{GF} \end{bmatrix} = \begin{bmatrix} 1 & 0 & \beta_f & -\gamma_f \\ 0 & 1-\alpha_f & 1 & -1 \\ 1 & 0 & 0 & 0 \\ 0 & 1-\alpha_f & 0 & 0 \end{bmatrix} \begin{bmatrix} \rho + c(\delta_R - \delta^S) + T \\ I_1 \\ \lambda_1 N_1 \\ \lambda_2 N_2 \end{bmatrix} \quad (4.17)$$

である。ここで，$\alpha_f = f_1^2/f_2^2$，$\beta_f = f_1^2/(f_1^2 - f_2^2)$，$\gamma_f = f_2^2/(f_1^2 - f_2^2)$ と置いている。

これらの式で，Ψ_{IF} や R_{IF} の式は電離層の影響は除かれており，誤差としては対流圏の誤差と時計の誤差だけが残っている。これらの誤差をうまくモデル化できれば，位相観測の精度と単独測位の便利さを併せもつ測位手法がつくれる。実際この Ψ_{IF} と R_{IF} の観測と誤差モデルを使って測位計算をするのは，精密単独測位（PPP）手法と呼ばれている。PPP は，誤差のモデル化にさまざまな手法が試みられている。

4.3 ネットワーク型 RTK

RTK 測位は，その効率性からたくさんの未知点を短時間に決定するのに優れているが，基準点とローバー点の距離が 10 km を越えると，電離層，対流圏等による誤差のため，瞬時にアンビギュイティーを決定することが難しくなる。そこで考え出されたのが，ネットワーク型 RTK と呼ばれる手法である。ネットワーク型 RTK では，3 点以上の基準点が使われる。この測位では，あらかじめ事前の観測で位置の正確に分かっている基準点間の位相観測から，各基準点における電離層，対流圏等による誤差を推定する。さらにこれを使って，地域内の任意の場所での電離層，対流圏等による誤差を線形補間で求める。現在ネットワーク型 RTK は，この誤差の処理や送信方法により，FKP 方式と VRS 方式という 2 つの方式が実用化されている。

FKP方式では，誤差を地域内の位置の一次関数の形で表し，ユーザーにはこの関数の係数（面補正パラメータ：FKPは独語でのその頭文字）を送る．同時に計算センターからは，最寄のマスター基準点の観測情報も送られてくる．ユーザーは，これらを使ってローバー点とマスター基準点の観測量の誤差を補正できるから，距離の離れたローバー点とマスター基準点との間でもRTK計算でアンビギュイティーが決まり，ローバー点の位置を求めることができる．

一方VRS（仮想基準点）方式では，まずユーザーはローバー点で単独測位を

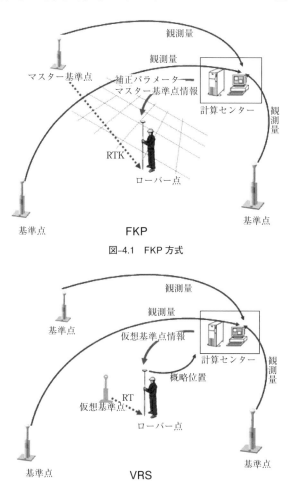

図-4.1　FKP方式

図-4.2　VRS方式

行い，得られた概略位置を計算センターに送る．計算センターでは，基準点での観測量から，この概略位置（これが仮想基準点位置になる）における仮想的な観測量（その場所に受信機があったら受信するであろう位相観測量）を計算し，ユーザーに送る．ユーザーはこれらを使って仮想基準点との間で RTK 計算を行い，ローバー点の位置を求める．この場合は，仮想基準点とローバー点との距離が非常に短いから RTK が可能になるのである．

FKP 方式は，計算センターからの片方向通信（放送）でできるため，同時に多くのユーザーに対応できるが，補正計算をユーザーで行う必要がある．一方 VRS 方式は，双方向通信が必要なためユーザー数が限られるが，仮想観測量の計算は計算センターで行うため現場での計算の負荷は小さい．また，ローバー側では，通常の RTK ソフトウェアがそのまま使えるという利点もある．

電離層，対流圏等の誤差は各基準点での観測値から推定されるが，これがうまくできるためには，①基準点の位置座標はセンチレベルで分っていることと，②各基準点でのアンビギュイティーは事前に確定しておくことが必要になる．

4.3.1　ネットワーク型 RTK での誤差の推定

前節のネットワーク型 RTK について少し詳しく見てみよう．

基本となる式は，4.2 節で説明した電離層の影響を受けない線形結合

$$\Psi_{IF} = \rho + c(\delta_R - \delta^S) + T + N_{IF} \tag{4.38}$$

と幾何学的な影響を受けない線形結合

$$\Psi_{GF} = (1 - f_1^2/f_2^2) I_1 + N_{GF} \tag{4.39}$$

である．この式を書き直すと

$$T + c(\delta_R - \delta^S) = \Psi_{IF} - \rho - N_{IF} \tag{4.40}$$

$$I_1 = (1 - f_1^2/f_2^2)^{-1} \{\Psi_{GF} - N_{GF}\} \tag{4.41}$$

である．ネットワーク型 RTK の場合，基準点 A,B,C の位置座標は既知であり，アンビギュイティーも事前の観測で分かっているものとする．したがって，各基準点での観測から，このように分散性の電離層誤差と非分散性の対流圏等の誤差が分離して計算できる．また，非分散性の誤差も，適当なモデルを仮定すればさらに分離できる．誤差をこのように分離するのは，分散性の電離層誤差と非分散性の対流圏等の誤差はその変化の速度が異なるため，その変化にあわせて補間頻

度を設定できるようにするためである。ネットワーク内の任意の点Pで予想される電離層や対流圏等の誤差は，このように各基準点で推定された誤差を幾何学的に補間することで求められる。

補間式の係数はFKPの場合，特に面補正パラメータと呼ばれている。補間で得られた値は，ネットワーク内の任意の点における電離層，対流圏等の誤差の推定に使われ，長基線でのRTK計算を可能にする。

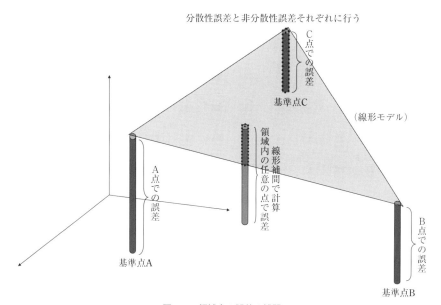

図-4.3 領域内の誤差の補間

第5章 衛星測位の座標系

5.1 GPSの座標系（WGS84）

　GPSによる位置の決定では，既知であるGPS衛星の位置情報を基にGPS衛星と観測点との間の距離を観測することで，観測点の位置座標が求められる。そのGPS衛星の位置は，位置が良く分っている地上の管制局でGPS衛星を観測することによって決定される。それでは，地上管制局の位置はどのような座標系に基づき，どのようにして決められたものであろうか。地上管制局の位置は，米国防総省（DoD）の構築したWGS84という座標系に基づいて表されている。WGS84は，DoDが1987年にGPSのための座標系として，GPSの前身になるNNSS（TRANSIT衛星）のドップラー観測に基づいて構築された地球重心座標系である。座標系については，その定義とその座標系を実際に実現することの双方が重要である。WGS84の場合その定義は，①地球に固定された直交座標系で，②原点は地球重心，③Z軸はBIH（IERS（国際地球回転事業）の前身）により決定された地球平均自転軸方向，④X軸は同じくBIHにより決められたグリニジ平均子午面内でZ軸に直角な方向，ということになる。

　一方，地上の複数の点にWGS84の直交座標値X, Y, Zを与えることで座標軸や原点位置とそれらの点との関係がわかるから，それら複数の点の座標値の集まりが逆に座標系を表していると考えることもできる。WGS84の場合は，追跡局を含む地球上十数点の観測点にNNSS衛星観測で得られた地球重心位置座標

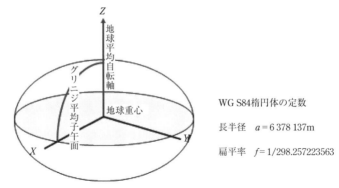

図-5.1　WGS84 座標系と WGS84 楕円体

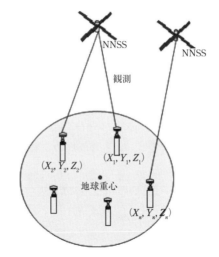

図-5.2　WGS84 座標系の実現

を与えることで，WGS84 座標系を実現した（人工衛星は地球重心を1つの焦点とする楕円軌道を描くことが分っているから，観測により人工衛星と観測点との位置関係，ひいては地球重心と観測点との位置関係が求められる）。

WGS84 は，当初その座標位置精度がメートルレベルと言われていたが，その後 1990 年代に新たな観測データを使ってこれらの観測点の位置座標値を計算し直し，その位置精度は国際的な座標系との違いが現在センチレベルまでになり，

大きく改善されている。

WGS84座標系には，WGS84準拠楕円体も定義されており，位置を直交座標X, Y, Zだけではなく，経度，緯度，高さといったWGS84の楕円体座標でも表せるようにしている。

このように地上管制局の位置も，またそれに基づくGPS衛星の位置もすべてWGS84座標系で表され，単独測位はもちろん相対測位の場合も，例えば二重位相差の式$\lambda\Phi_{AB}^{jk}(t) = \rho_B^k(t) - \rho_B^j(t) - \rho_A^k(t) + \rho_A^j(t) + \lambda N_{AB}^{jk}$で基準点位置と衛星位置は同じ座標系で計算するから，測位解はすべてWGS84座標で表される。

5.2 日本の測地基準系

日本における位置の表示は，すべて日本測地基準系に基づかなければならない。これは測量法で決められている。一般的に測地基準系は，測地座標系とそれに付設される準拠楕円体とで構成されるが，現在日本の測地基準系としては，ITRF94と呼ばれる測地座標系とGRS80と呼ばれる準拠楕円体が採用されている。

ITRFは，国際的な組織であるIERS（国際地球回転観測事業）により構築された座標系である。その定義は，WGS84の場合と似て，①地球に固定された直交座標系で，②原点は地球重心，③Z軸はIERSにより決定された地球平均自転軸方向，④X軸は同じくIERSにより決められたグリニジ平均子午面内でZ軸に直角な方向，ということになる。ただこのITRFを実現する方法はWGS84とは異なっている。ITRFは，GPSやVLBI，SLR等の宇宙測地技術を使った観測を地球上数百箇所の地点で行い，その結果得られた観測点の位置座標の集まりとして実現されており，現在最も信頼性の高い地球重心座標系と見なされている。ITRFは定期的に更新され，例えばITRF88，ITRF94，ITRF2000，ITRF2005というようにその末尾には，更新に使われたデータの得られた年が記されている。日本で採用されているのはそのうちITRF94である。また準拠楕円体GRS80は，国際測地学地球物理学連合（IUGG）により，現在学術的に最も地球の形に近い楕円体として認められている。日本は明治以降1世紀以上，旧測地座標系とベッセル楕円体による測地基準系を採用してきたが，2002年に，これをITRF94とGRS80に基づく新測地基準系に切り替えた。

第5章 衛星測位の座標系

```
   測地基準系
 ┌─────────────────────────┐
 │ 測地座標系    準拠楕円体  │     幾何学的位置：X, Y, Z
 │  ITRF94  ＋   GRS80     │
 │                         │     緯度，経度，楕円体高：φ, λ, h
 └─────────────────────────┘

  高さの基準
 ┌─────────────────────────┐
 │              ジオイド面   │     高さ：H（正標高）
 │  鉛直線  ＋（東京湾平均海面）│
 └─────────────────────────┘
```

図-5.3　日本の位置の基準

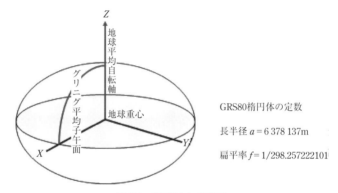

図-5.4　ITRF94 と GRS80

　日本での位置の表示は，すべてこの新しい測地基準系に基づかなければならないから，GPS観測により得られたWGS84座標も原理的にはITRF94座標に変換する必要がある。しかし，前節に述べたようにWGS84座標系は1990年代に精度改良されたため，現在WGS84座標系とITRF94座標系の違いはわずかで，通常の位置決定では両座標系は実質的に同じと見なしてもよく，変換の必要はない。

　注意が必要なのは高さについてである。WGS84やITRF94の三次元直交座標 X, Y, Z は，準拠楕円体を媒介にした緯度，経度，高さ $φ$, $λ$, h に変換できるが（次節），高さ h は楕円体面からの高さであり，日本において法律上使われている高さではない。日本における高さは後節で詳しく示すが，東京湾平均海面に代表されるジオイド面からの高さ（正標高）であると決められているので，GPSから

求まる楕円体高 h はこのジオイド面の補正をし，正標高に変換する必要がある。

5.3 測地座標

測地座標系での三次元直交座標 X, Y, Z は，準拠楕円体を媒介にした測地緯度，測地経度，楕円体高 φ, λ, h で表すことができる。φ, λ, h は楕円体座標あるいは測地座標と呼ばれている。

測地緯度 φ は，対象とする点から楕円体へ下ろした垂線の延長が XY 平面となす角度であり，測地経度 λ はその垂線と Z 軸でつくられる平面が X 軸となす角度である。楕円体高 h は，楕円体面からの距離である。

三次元直交座標とこれら測地座標との変換式は

$$X = (N+h)\cos\varphi\cos\lambda$$
$$Y = (N+h)\cos\varphi\sin\lambda \qquad (5.1)$$
$$Z = \left(\frac{b^2}{a^2}N + h\right)\sin\varphi$$

で表される。ただしここで

$$N = \frac{a^2}{\sqrt{a^2\cos^2\varphi + b^2\sin^2\varphi}} \qquad (5.2)$$

であり，卯酉線曲率半径と呼ばれている。

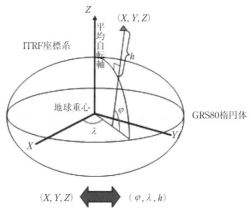

図-5.5 直交座標と楕円体座標戸の変換

上式は φ, λ, h が与えられている時, X, Y, Z を計算する式になっている。逆に X, Y, Z が与えられている時, φ, λ, h を計算するためには以下のような計算を行う。

まず測地経度 λ は, $\lambda = \tan^{-1}(Y/X)$ で計算できる。

測地緯度を求めるには, 以下の繰り返し計算を行う。

1. $p = \sqrt{X^2 + Y^2}$ を計算
2. $\tan\varphi_0 = \dfrac{Z}{p}\left(1 - e^2\right)^{-1}$ で概略値 φ_0 を計算
3. $N_0 = \dfrac{a^2}{\sqrt{a^2\cos^2\varphi_0 + b^2\sin^2\varphi_0}}$ で概略値 N_0 を計算
4. $\tan\varphi = \dfrac{Z}{p}\left(1 + \dfrac{e^2 N_0 \sin\varphi_0}{Z}\right)$ で測地緯度 φ を計算
5. もし, $|\varphi - \varphi_0| < \varepsilon$ （ε は正の設定微小量）なら計算は終了し, そうでなければ $\varphi_0 = \varphi$ として 3 番目のステップから繰り返す。

緯度が求まれば, 高さは $h = p/\cos\varphi - N$ から計算できる。

このような繰り返し計算ではない変換式もある。これは Boering による近似式ではあるが, 高精度な測地測量でも十分に使える精度をもっている。

$$\varphi = \tan^{-1}\dfrac{Z + e'^2 b \sin^3\theta}{p - e^2 a \cos^3\theta}$$

$$\lambda = \tan^{-1}\dfrac{Y}{X} \tag{5.3}$$

$$h = \dfrac{p}{\cos\varphi} - N$$

ここで, $\theta = \tan^{-1}\dfrac{Za}{pb}$, $p = \sqrt{X^2 + Y^2}$ で, $e'^2 = \dfrac{a^2 - b^2}{b^2}$ は第 2 離心率である。

5.4 日本の標高

日本で法律上使われる高さ（標高）は,「東京湾平均海面」と呼ばれている特定の海面からの高さである。「東京湾平均海面」は, 明治時代の潮位観測（明治

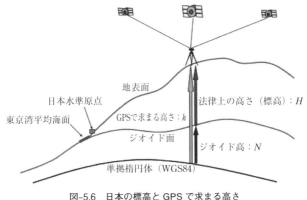

図-5.6 日本の標高と GPS で求まる高さ

6 年から 12 年）を基に決められた海面水位である．この海面水位は計算上の仮想基準面であるが，これは「水準原点」と呼ばれる特定の標石の高さと結び付けられ初めて具体的な基準面となる．現在水準原点の「東京湾平均海面」からの標高値は 24.4140 m とすることが測量法施行令に書き込まれており，実際上の高さ位置決定はこの水準原点を基準に行われている．

GPS 観測からは，前節で見たように測地緯度，測地経度，楕円体高 φ, λ, h が得られるが，楕円体高 h は準拠楕円体面からの幾何学的な高さである．これを上に述べた日本の高さにするためには変換が必要となる．

図-5.6 に示されているジオイドとは，厳密には地球の重力場の等ポテンシャル面のうち東京湾平均海面に一致するものということになるが，イメージ的には東京湾平均海面を陸地にまで導きいれた時に想定される海面と思っても良い．ジオイドを求めることは測地学の大きな課題であり，観測研究の進展につれてより詳細なジオイドが明らかになっている．日本周辺における詳細ジオイドは，国土地理院によって公表されている．これは，グローバルな人工衛星観測と日本周辺でのローカルな重力観測から得られたジオイドである．このジオイドの準拠楕円体からの高さを N とし，GPS により求まった観測点の楕円体高を h とすれば，この観測点の標高 H は，

$$H = h - N \tag{5.4}$$

で計算することができる．

このようにジオイドが明らかになっている場合だけ，GPS 観測から標高 H を求めることができる．そうでない場合は，標高は従来と同じように水準原点，あるいは最寄の水準点からの水準測量によってしか高さは求められない．また GPS 観測とジオイドモデルにより得られた標高の精度は，水準測量による標高の精度に比べ現在およそ一桁以上悪い．

将来ジオイド高の決定精度が上がれば，GPS とジオイドを組み合わせた標高決定も広く使われるようになるであろう．

5.5 時間のシステム

現在地上における位置の決定において，時間や時刻の果たす役割は非常に大きい．GPS や VLBI といった宇宙測地技術では，位置の測定は時間の測定であるといってもよい．GPS には高精度の原子時計が積載されており，その原子時計に同期した信号の伝播時間を測定することにより衛星までの距離がわかり，それから位置が計算される．また，我々が日常使っている時間のシステムと GPS に用いられている時間のシステムは異なっており，これらの間の関係を理解することが必要である．

地球の自転に基づく時系は，世界時（UT）と呼ばれている．地球の自転速度は，潮汐による地球変形や摩擦，地球の内部質量の移動，極運動と呼ばれている自転軸のふらつき等，さまざまな要因で減速しながら変動している．この変動の様子は，国際地球回転観測事業（IERS）が GPS や VLBI の観測を使って監視している．このように地球自転速度が一定ではないため，現在では世界時を修正した協定世界時（UTC）と呼ばれる時系が日常生活では使われている．これは時系の単位（1秒の長さ）としては，現在最も正確とされている原子時計の刻む原子秒を使うが，地球の自転の遅れが大きくなればうるう秒を挿入することで，日常時間に適合した世界時に近づけた時間システムである．このうるう秒により，UTC と UT1 との差が 0.9 秒以上にならないよう調整されているのである．

一方国際原子時（TAI）は，世界 50 カ国以上に設置されている原子時計の刻む時刻を平均することによって得られている時系である．国際原子時は 1958 年 1 月 1 日にスタートしたが，現在国際原子時と協定世界時の差は 30 秒以上に達

している。これは，正確な原子時を基準にすると地球の自転速度が遅くなっていることをはっきりと示すものである。

　GPSでは，我々が使うUTCとは違うGPS時を採用している。GPS時（GPST）は，米国海軍天文台が保持している原子時計の刻むGPSのための時刻で，国際原子時と実質的に同等の時系である。ただ国際原子時とは19秒の遅れをもっている（GPST = TAI − 19秒）。この19秒の遅れは，GPS時が1980年1月6日0時に協定世界時に合わせてスタートしたので，その時の協定世界時と国際原子時の差がそのまま残ったものである。GPS時はGPS週とGPS週秒を使って時刻が表される。これは，GPS時が1980年1月6日0時に開始された時からの積算週と，その週初め（週の始まりは毎日曜日の0時）からの経過秒を表している。例えば2016年1月10日1時は，GPS時では第1 879週目の3 600秒と表示される。

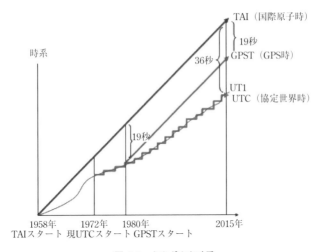

図-5.7　さまざまな時系

第6章　GNSSのこれから

6.1　GPS近代化計画

　ここまではGPSを中心に説明してきたが，衛星測位システムにはGPSの他に実用化されているものとしてGLONASSがあり，開発中のものとしてはガリレオがある。これらを含めて，これからのGNSSについて見てみよう。

　まずGPSの将来である。

　米国は2004年12月に，GPS政策の改定を発表した。この改訂の背景には，この間のGPS利用の大幅な拡大がある。1996年のGPS政策で，GPSの標準測位サービスを無償で提供し続ける方針を示したことや，その時約束した10年以内の民生信号への意図的な精度劣化（SA）中止を繰り上げて2000年に中止したことにより，GPSの民生，商用利用は大きく増え続け，GPSは世界規模の実用システムへと大きく成長した。このようなGPS利用の拡大に伴い，GPSシステムが攻撃されるようなことがあれば，米国の安全保障や経済活動に大きな影響を及ぼすことが懸念されるようになった。2001年9月11日の米国同時多発テロ事件は，このことを考えさせる大きな契機となったのである。

　このような背景のもと米国政府は，これからのGPSサービスの目標として，民生面では，科学，商用上の要求に十分応えられるようにすることと，GPS以外の衛星測位システム（これは主にガリレオを想定している）との相互運用性，互換性に努めることを，また軍用面ではより妨害に強く，安全保障上の利用にも

第 6 章 GNSS のこれから

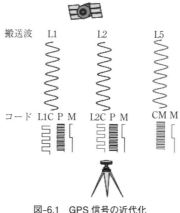

図-6.1 GPS 信号の近代化

応えられる性能をもつように GPS の改善を行うことをそれぞれ挙げている。これは GPS の近代化計画と呼ばれているもので，その骨子は民生利用に限ると以下の 3 点である。

① L2 搬送波に新しい民生用コード L2C を付加する。
② 第 3 番目の周波数 L5 を増設する。
③ L1 搬送波に新しい民生用コード L1C を導入する。

一方軍用面では，新たに M コードという軍用コードが L1，L2 に増設される。従来軍用のコードであった P コードは，その内容が漏れてしまったため，現在は P コードに非公開の W コードを掛け合わせた Y コードが軍用として使われているが，M コードの採用で安全保障上より妨害に強いコードに切り替わる。

M コードと L2C コードを付加した Block Ⅱ R-M 衛星の打ち上げは，2005 年から始まり，L5 と L2C 周波数が付加された Block Ⅱ F 衛星は 2008 年から始まった。L1C, L2C, L5 とすべてが付加された最終の Block Ⅲ 衛星の打ち上げは，2010 年代半ば頃から始まる予定である。

6.2 GPS 近代化の意義

この近代化計画により，GPS 測位の高精度化，高信頼化が図られることになる。L2C により L2 の受信感度が改善されたり，L5 の付加により電離層の影響の除去

や整数値アンビギュイティー決定が改善されることにより，長距離の基線決定やRTK測量の精度向上が期待できる。

例えば，周波数f_1のL1と周波数f_2のL2から周波数$f_1 - f_2$の搬送波を考えることができる。この搬送波の波長は

$$\lambda_{w12} = c/(f_1 - f_2) \cong 86.3 \text{ cm} \tag{6.1}$$

であるが，GPS近代化によってL2とL5の組み合わせからは

$$\lambda_{w25} = c/(f_2 - f_5) \cong 587 \text{ cm} \tag{6.2}$$

とより長い波長の搬送波を計算上考えることができる。これを使うことにより整数値アンビギュイティーの探索は非常に容易にかつ早くなる。

また，電離層の影響を受けない線形結合も現在はL1，L2の組み合わせである

$$\Psi_{IF12} = \frac{f_1^2}{f_1^2 - f_2^2}\Psi_1 - \frac{f_2^2}{f_1^2 - f_2^2}\Psi_2 \tag{6.3}$$

しかできないが，L5の増設によりさまざまな組み合わせができる。そのうち，L1，L5の組み合わせを考えると，これはより誤差の影響を受けにくい組み合わせになる。このことは

$$\Psi_{IF15} = \frac{f_1^2}{f_1^2 - f_5^2}\Psi_1 - \frac{f_5^2}{f_1^2 - f_5^2}\Psi_5 \tag{6.4}$$

で，$(f_1^2 - f_2^2) \ll (f_1^2 - f_5^2)$であるから，$\Psi_{IF15}$の右辺の係数は$\Psi_{IF12}$の右辺の係数より小さくなり，$\Psi_{IF15}$を使うほうが$\Psi_{IF12}$に比べて$\Psi_1$と$\Psi_2$の誤差伝播の影響が小さくできることからも理解できるであろう。

あるいは，L5に載る民生用のコードのビット率が，仮に現在のPコードのビット率と同じ程度であれば，コード距離観測の精度はそれだけで単純に10倍になり，単独測位の精度も大きく改善されることになる。

また，L1とL5の周波数は次節で説明するガリレオと共通のため，ガリレオとGPSを同時に使うことができ，これも測位の安定性，高精度化につながる。

6.3　グロナス（GLONASS）

1980年代に旧ソ連により開発されたグロナスは，1996年に24衛星の配備を完了したが，その後予算不足のために衛星数は減少を続け，2000年代初めにはそ

の数は1桁までになった。しかしその後，新衛星の打ち上げが始まり，また2006年には新しいグロナス計画も発表されるなどして，2010年に完全運用を始めた。グロナスは，軌道傾斜角64.8°の3つの軌道面上にそれぞれ8衛星が配置されている。各衛星の軌道高度は19 100 kmで，その周期は11時間15分44秒である。

グロナスの準拠する座標系は，PE-90と呼ばれている地球基準座標系である。PE-90の原点は地球の重心に，Z軸はIERS極方向である。PE-90と国際的なITRF座標系との食い違いは1 mレベルであるが，両座標系の変換パラメータは求められている。PE-90に付随する準拠楕円体の長半径はa = 6378136.0 mで，扁平率はf = 1/298.257839303である。

グロナスでは，G1, G2と呼ばれる2つのLバンドの搬送波が使われている。初期のグロナス衛星では，G1にはC/Aコード（標準精度信号）とPコード（高精度信号）が，またG2にはPコードだけがそれぞれ載せられていたが，グロナス衛星の近代化計画により，2003年以降打ち上げられたグロナスM衛星では，G2にもC/Aコードが載せられている。また，2008年以降打ち上げられているグロナスK衛星では，G3周波数の追加が行われている。

グロナスで特徴的なことは，搬送波G1, G2の周波数が衛星ごとに異なることである。すべての衛星に対して，次式で定義される周波数が割当てられている。

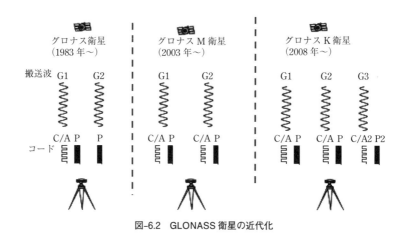

図-6.2　GLONASS衛星の近代化

$$f_{G2}^k = 1\,602.0000\,\text{MHz} + k \cdot 0.5625\,\text{MHz}$$
$$f_{G2}^k = 1\,246.0000\,\text{MHz} + k \cdot 0.4375\,\text{MHz}$$
(6.5)

ここで，k は各衛星に対応したチャンネル番号である。これは FDMA（周波数分割多元接続）方式と呼ばれ，GPS で使われているような周波数が共通でコードが衛星ごとに異なるという CDMA（符号分割多元接続）方式とは異なるところである。

グロナスの放送暦は GPS の場合と異なり，PE-90 座標系での位置座標と速度で与えられる。これらは 30 分間隔の数値として与えられ，観測時の位置や速度はこれらの値を補間することにより求められるようになっている。

グロナスも GPS と同じように近代化計画を進めており，2010 年代に打ち上げられるグロナス衛星には，3 番目の搬送波 G3 とそれに載せられる新しい民生コードが加わる予定である。また，将来的には GPS とグロナスの互換性を考慮して，グロナスでは FDMA から CDMA への変換，あるいは CDMA の追加が行われる可能性もある。

6.4 ガリレオ（Galileo）

ガリレオは，ヨーロッパ独自の衛星航法システムである。GPS は本来的に軍管理の航法システムであり，EU は米国の思惑に左右されず，継続的な利用が保障されたヨーロッパ独自の民生用航法衛星の必要性からガリレオ計画を立ち上げた。計画は 2002 年 3 月の EU 首脳会議でその推進が合意され，2003 年 5 月 ESA（欧州宇宙機関）加盟国の最終合意でガリレオ計画の始動が決まった。

ガリレオ計画は，三段階にわかれており，現在は第一段階の開発と軌道投入評価を進めており，衛星と地上系の開発が行われている。2005 年に最初の試験衛星が打ち上げられ，2007 年には 2 番目の試験衛星も打ち上げらた。試験衛星ではガリレオ周波数の確認や軌道環境の測定等が行われ，試験衛星の軌道投入評価の後，第二段階に入り衛星の配備と地上施設の設置が行われる。2015 年現在 10 機の衛星が配備されている。最終の第三段階である運用開始は 2010 年代後半と予定されている。ガリレオの開発は ESA（欧州宇宙機関）が行い，運用と管理は，EU が行うことになっている。

第 6 章　GNSS のこれから

図-6.3　ガリレオ衛星と軌道（ESA 画像）

　ガリレオ計画では，運用開始時には高度 23 222 km の 3 つの円形軌道に重量約 700 kg のガリレオ衛星が約 30 個配備される。ガリレオ衛星の軌道傾斜角は 56° と GPS より大きく設定されており，これにより高緯度帯での衛星信号のカバーができるようになっている。衛星の周期は，14 時間で常に 6〜8 衛星が観測できる衛星配置である。
　ガリレオでは，利用できる信号が GPS に比べて格段に増えるため，多様なサービスが予定されている。その主なサービスは次の 5 つである。
① OS（Open Service）無料測位サービス：基本的なサービスで数メートル以内精度での測位ができる。
② CS（Commercial Service）商用サービス：データ放送や精密時刻サービスといった限定されたユーザーに対する商用サービスである。
③ PRS（Public Regulated Service）公的サービス：警察や税関等 EU メンバー国の政府機関に対して行う限定的なサービスである。
④ SoL（Safety of Life Service）生活安全サービス：航空や鉄道交通のための精度保障された測位サービスである。
⑤ SAR（Search and Rescue）探索救助サービス：救難信号を受信し遭難者の位置を割り出し，救助センターに知らせるサービスである。
　ガリレオの周波数は，GPS の L5（近代化計画後）と L1 に相当する E5a と L1,

6.4 ガリレオ (Galileo)

ならびにガリレオ独自の E5b と E6 からなる．それぞれの搬送波に，計 10 個の信号が載せられる．

ガリレオの信号

搬送波	信号
E5a：1 176.45 MHz（GPS の L5 に対応）	E5a–I，E5a–Q
E5b：1 207.14 MHz	E5b–I，E5a–Q
E6：1 278.75 MHz	E6–A，E6–B，E6–C
E2–L1–E1：1 575.42 MHz（GPS の L1 に対応）	L1–A，L1–B，L1–C

このうち，E5a–I，E5a–Q，E5b–I，E5a–Q，L1–B，L1–C の 6 信号は OS，SoL サービスに使われ，誰でもアクセスできる．E6–A と L1–A は PRS 用で暗号化され，限られたユーザーのみアクセスできる信号である．E6–B，E6–C も CS 用で暗号化され，限られたユーザーのみのアクセスになる．

また，ガリレオの座標系としては，ITRF に基づく GTRF（Galileo Terrestrial Reference Frame）が採用される予定である．これは，WGS–84 系で表される GPS 座標系からの独立性を確保すると同時に，GPS 座標系のバックアップ機能

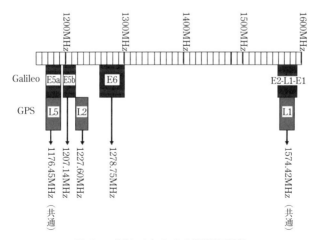

図-6.4　ガリレオと GPS の搬送波周波数

ももたせるためである。両座標系の違いは数センチメートル以内と想定されており，測地学的研究分野を除いて実質的にWGS-84と同じと見なせるので，ほとんどの測位でGPSとガリレオの相互運用性は確保される。

2010年代後半には，ガリレオと近代化されたGPS，グロナスが同時に運用される時がやってくるであろう。測位ユーザーにとっては，一気におよそ90個の航法衛星が利用できる環境になる。それぞれ多種類の搬送波周波数が用意されていることや，そのうち（L1，L5）と（E2-L1-E1，E5a）の周波数は同じに設定されていること等により，測位ユーザーにとってはさまざまな新しい測位の可能性が開けてくる。より簡単でより高精度という測位の目標が大きく前進することになるであろう。

6.5 準天頂衛星システム（QZSS）

日本で独自に開発を進めている準天頂衛星システム（QZSS）は，都市部のビルの谷間でも測位サービスが可能なようにと構想されたものである。このため常に天頂方向に少なくとも1個の衛星がいるように軌道が設定されている。開発の第一段階として，2010年に初号機「みちびき」が打ち上げられ，現在技術実証を行っている。その後追加の衛星を打ち上げ，第2段階のシステム実証に進む予定である。2010年代後半に，4機体制を確立することとしている。QZSSはGPSの補強，補完システムの役割をもちながら，将来は衛星を7機に増やし，単独でも測位サービスができる可能性を備えたシステムを目指している。GPS補完とはGPSと互換性，相互運用性がある衛星信号を送信することによって，追加されたGPS衛星としての機能を果たすことである。GPS補強とは，軌道や大気，時計等の補正情報を送信することで，測位精度を向上する機能のことである。また準天頂衛星には，測位情報だけではなく，防災・減災に資するサービス機能も搭載される予定である。例えば，地震，津波などの災害情報の送信や災害時の安否確認サービスがある。図-6.5に，準天頂衛星システムの概要を示す。

6.5 準天頂衛星システム（QZSS）

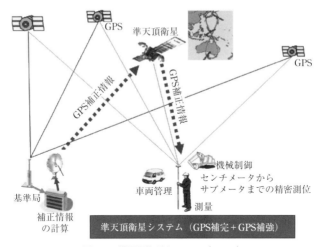

図-6.5 準天頂衛星システム（QZSS）

附　章

A　行　列

ここでは，附章Bの最小二乗法の理解に必要な最低限の行列知識について説明する。

A.1　行列の基礎

行列とは，数字を区切られた縦横のマス目の中に配置したものである。並べられた一つ一つの数値を，行列の要素と呼ぶ。横に並んだ行列の要素を"行"といい，縦に並んだものを"列"と呼ぶ。行列を表すのに，大文字のアルファベットが使われる。

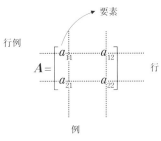

図-A.1　行列の定義

A 行列

行列には大きさがある。縦に2列，横に2行要素を並べた行列は（2×2）の行列という。縦に3列，横に2行並べたものは（2×3）の行列である。

行列の大きさ

$$A = \begin{bmatrix} a_{11} & a_{12} \\ a_{21} & a_{22} \end{bmatrix} \quad \text{2行2列の行列（2×2）}$$

$$B = \begin{bmatrix} b_{11} & b_{12} & b_{13} \\ b_{21} & b_{22} & b_{23} \end{bmatrix} \quad \text{2行3列の行列（2×3）}$$

図-A.2　行列の大きさ

列が1列だけの行列は，列ベクトルと呼んでいる。同様に行が1行だけの行列は，行ベクトルと呼ばれる。

列ベクトル（$n \times 1$）

$$A = \begin{bmatrix} a_1 \\ a_2 \end{bmatrix} \quad X = \begin{bmatrix} x_1 \\ x_2 \\ \vdots \\ x_u \end{bmatrix}$$

行ベクトル（$1 \times n$）

$$A = \begin{bmatrix} a_1 & a_2 \end{bmatrix}$$

$$Y = \begin{bmatrix} y_1 & y_2 & \cdots & y_n \end{bmatrix}$$

図-A.3　ベクトル

A.2　行列の演算

行列は演算を行える。2つの行列は，その大きさが等しい場合には足算，引算を行える。行列の足算，引算は，行列の対応する要素の足算，引算である。

行列の足算

$$A = \begin{bmatrix} a_{11} & a_{12} \\ a_{21} & a_{22} \end{bmatrix} \quad B = \begin{bmatrix} b_{11} & b_{12} \\ b_{21} & b_{22} \end{bmatrix}$$

⬇

$$A + B = \begin{bmatrix} a_{11} + b_{11} & a_{12} + b_{12} \\ a_{21} + b_{21} & a_{22} + b_{22} \end{bmatrix}$$

行列の引算

$$A = \begin{bmatrix} a_{11} & a_{12} \\ a_{21} & a_{22} \end{bmatrix} \quad B = \begin{bmatrix} b_{11} & b_{12} \\ b_{21} & b_{22} \end{bmatrix}$$

⬇

$$A - B = \begin{bmatrix} a_{11} - b_{11} & a_{12} - b_{12} \\ a_{21} - b_{21} & a_{22} - b_{22} \end{bmatrix}$$

図-A.4　行列の足算，引算

行列の掛算も定義できる．行列とスカラー量（普通の数）の掛算は行列の要素とスカラー量の掛算である．

行列の掛算（スカラーの場合）

$$A = \begin{bmatrix} a_{11} & a_{12} \\ a_{21} & a_{22} \end{bmatrix} \qquad \text{スカラー} \quad k$$

$$\Downarrow$$

$$kA = \begin{bmatrix} ka_{11} & ka_{12} \\ ka_{21} & ka_{22} \end{bmatrix}$$

図-A.5　スカラー量との掛算

行列と行列の掛算はつぎのようになる．今，大きさ（$l \times m$）の行列 A と大きさ（$m \times n$）の行列 B があれば，この2つの行列の掛算は次のように定義される．掛算の結果を行列 C とし，A, B, C それぞれの行列の要素を a_{ij}, b_{ij}, c_{ij} で表せば，掛算は次のような要素の掛算で定義される．

$$c_{ij} = \sum_{k=1}^{m} a_{ik} \times b_{kj} \tag{A.1}$$

$$A = \begin{bmatrix} a_{11} & a_{12} \\ a_{21} & a_{22} \end{bmatrix} \qquad B = \begin{bmatrix} b_{11} & b_{12} \\ b_{21} & b_{22} \end{bmatrix}$$

$$\Downarrow$$

$$AB = \begin{bmatrix} a_{11}b_{11} + a_{12}b_{21} & a_{11}b_{12} + a_{12}b_{22} \\ a_{21}b_{11} + a_{22}b_{21} & a_{21}b_{12} + a_{22}b_{22} \end{bmatrix}$$

図-A.6　行列の掛算例Ⅰ

行列の掛算が行えるためには，掛ける行列（今の場合 A）の列の数と掛け合わされる行列（今の場合 B）の行の数が同じでなければならない．

$$A=\begin{bmatrix}1&1&1\\2&-3&2\\5&4&-3\end{bmatrix}\qquad B=\begin{bmatrix}x\\y\\z\end{bmatrix}$$

$$AB=\begin{bmatrix}1&1&1\\2&-3&2\\5&4&-3\end{bmatrix}\begin{bmatrix}x\\y\\z\end{bmatrix}=\begin{bmatrix}x+y+z\\2x-3y+2z\\5x+4y-3z\end{bmatrix}$$

図-A.7 行列の掛算例Ⅱ

A.3 いろいろな行列

A.3.1 正方行列

行の数と列の数が等しい行列は，正方行列と呼ばれている。

正方行列（$n\times n$）

$$A=\begin{bmatrix}a_{11}&a_{12}\\a_{21}&a_{22}\end{bmatrix}$$

$$B=\overbrace{\begin{bmatrix}b_{11}&b_{12}&\cdots&b_{1n}\\b_{21}&b_{22}&\cdots&b_{2n}\\\vdots&\vdots&\ddots&\vdots\\b_{n1}&b_{n2}&\cdots&b_{nn}\end{bmatrix}}^{n\text{ 個}}\Bigg\}\,n\text{ 個}$$

図-A.8 正方行列

A.3.2 対称行列

正方行列のうち，行列の対角線を境に要素が対照的に配置されている行列を対称行列という。

対称行列

$$A=\begin{bmatrix}a_{11}&c\\c&a_{22}\end{bmatrix}$$

$$B=\begin{bmatrix}3&2&1&6\\2&-1&0&5\\1&0&8&3\\6&5&3&4\end{bmatrix}$$

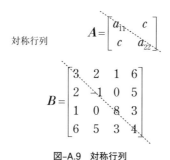

図-A.9 対称行列

A.3.3 転置行列

行列の要素をその行と列を入れ替えた要素で置き換えた行列のことを転置行列といい図-A.10 のように表す。

$$A = \begin{bmatrix} a_{11} & a_{12} \\ a_{21} & a_{22} \end{bmatrix}$$

$$A^T = \begin{bmatrix} a_{11} & a_{21} \\ a_{12} & a_{22} \end{bmatrix}$$

図-A.10 転置行列

列ベクトルの転置行列は，行ベクトルである。

$$x = \begin{bmatrix} x_1 \\ x_2 \\ \vdots \\ x_n \end{bmatrix}$$

$$x^T = \begin{bmatrix} x_1 & x_2 & \cdots & x_n \end{bmatrix}$$

図-A.11 列ベクトルの転置行列

転置行列の掛算には次のような性質がある。

$$\begin{aligned} (AB)^T &= B^T A^T \\ (ABC)^T &= C^T B^T A^T \end{aligned} \tag{A.2}$$

A.3.4 単位行列

ある行列と掛け合わせても行列を変化させない行列を単位行列という。

$$AI = A \tag{A.3}$$

例えば，大きさ（2×2）の単位行列と（$n \times n$）の単位行列は，図-A.12 のようになる。

A 行 列

$$I(2\times 2)=\begin{bmatrix}1 & 0\\ 0 & 1\end{bmatrix}$$

$$I(n\times n)=\begin{bmatrix}1 & 0 & \cdots & 0\\ 0 & 1 & \cdots & 0\\ \vdots & \vdots & \ddots & \vdots\\ 0 & 0 & \cdots & 1\end{bmatrix}$$

図-A.12 単位行列

A.3.5 逆行列

ある正方行列 A と次のような掛算を行ったとき，結果がいずれも単位行列になるような行列 B のことを A の逆行列という．

$AB=I$, $BA=I$

B は A の逆行列であり，$B=A^{-1}$ と表す．**図-A.13** に逆行列の例を示す．

逆行列

$$A=\begin{bmatrix}2 & 1\\ 1 & 3\end{bmatrix} \qquad A^{-1}=\frac{1}{5}\begin{bmatrix}3 & -1\\ -1 & 2\end{bmatrix}$$

⬇

$$A^{-1}A=AA^{-1}=\begin{bmatrix}1 & 0\\ 0 & 1\end{bmatrix}$$

$$C=\begin{bmatrix}2 & 3 & 4 & 5\\ 3 & 6 & 7 & 8\\ 4 & 7 & 9 & 10\\ 5 & 8 & 10 & 11\end{bmatrix} \qquad C^{-1}=\frac{1}{2}\begin{bmatrix}1 & -1 & -3 & 3\\ -1 & 3 & -3 & 1\\ -3 & -3 & 5 & -1\\ 3 & 1 & -1 & -1\end{bmatrix}$$

⬇

$$C^{-1}C=CC^{-1}=\begin{bmatrix}1 & 0 & 0 & 0\\ 0 & 1 & 0 & 0\\ 0 & 0 & 1 & 0\\ 0 & 0 & 0 & 1\end{bmatrix}$$

図-A.13

行列 A, B, C が逆行列をもてば，逆行列には転置行列の掛算と同じ次のような性質がある．

$$(AB)^{-1} = B^{-1}A^{-1}$$
$$(ABC)^{-1} = C^{-1}B^{-1}A^{-1} \tag{A.4}$$

A.4 行列の微分

A.4.1 ベクトルの微分

今，2つのベクトル $X = [x_1 \ x_2 \ \cdots \ x_m]^T$, $Y = [y_1 \ y_2 \ \cdots \ y_n]^T$ の間に

$$Y = Y(X)$$

すなわち

$$\begin{aligned}
y_1 &= y_1(x_1, x_2, \cdots x_m) \\
y_2 &= y_2(x_1, x_2, \cdots x_m) \\
&\cdots \cdots \\
y_n &= y_n(x_1, x_2, \cdots x_m)
\end{aligned} \tag{A.5}$$

なる関係がある時，ベクトル Y のベクトル X による微分は

$$\frac{\partial Y}{\partial X} = \begin{bmatrix} \frac{\partial y_1}{\partial x_1} & \frac{\partial y_1}{\partial x_2} & \cdots & \frac{\partial y_1}{\partial x_m} \\ \frac{\partial y_2}{\partial x_1} & \frac{\partial y_2}{\partial x_2} & \cdots & \frac{\partial y_2}{\partial x_m} \\ \vdots & \vdots & \ddots & \vdots \\ \frac{\partial y_n}{\partial x_1} & \frac{\partial y_n}{\partial x_2} & \cdots & \frac{\partial y_n}{\partial x_m} \end{bmatrix} \tag{A.6}$$

で定義され，ヤコビアンと呼ばれている．

■ スカラー関数のベクトル微分

2つのベクトル $X = [x_1 \ x_2 \ \cdots \ x_m]^T$, $Y = [y_1 \ y_2 \ \cdots \ y_n]^T$ と

A 行列

$$
\text{定数行列} \quad A = \begin{bmatrix} a_{11} & a_{12} & \cdots & a_{1n} \\ a_{21} & a_{22} & \cdots & a_{2n} \\ \vdots & \vdots & \ddots & \vdots \\ a_{m1} & a_{m2} & \cdots & a_{mn} \end{bmatrix}
$$

でつくられるスカラー関数

$$\phi = X^T A Y = \sum_{i,j} a_{ij} x_i y_j \tag{A.7}$$

のベクトル微分を見てみよう。

まず X による微分は

$$\frac{\partial \phi}{\partial X} = \begin{bmatrix} \dfrac{\partial \phi}{\partial x_1} & \dfrac{\partial \phi}{\partial x_2} & \cdots & \dfrac{\partial \phi}{\partial x_m} \end{bmatrix} \tag{A.8}$$

で定義されるが,これは

$$\begin{aligned}
\frac{\partial \phi}{\partial X} &= \begin{bmatrix} \dfrac{\partial \phi}{\partial x_1} & \dfrac{\partial \phi}{\partial x_2} & \cdots & \dfrac{\partial \phi}{\partial x_m} \end{bmatrix} \\
&= \begin{bmatrix} \sum_j a_{1j} y_j & \sum_j a_{2j} y_j & \cdots & \sum_j a_{mj} y_j \end{bmatrix} \\
&= \begin{bmatrix} \sum_j a_{1j} y_j \\ \sum_j a_{2j} y_j \\ \vdots \\ \sum_j a_{mj} y_j \end{bmatrix} = (AY)^T = Y^T A^T
\end{aligned} \tag{A.9}$$

となるのがわかるであろう。同様に Y による微分は

$$\begin{aligned}
\frac{\partial \phi}{\partial Y} &= \begin{bmatrix} \dfrac{\partial \phi}{\partial y_1} & \dfrac{\partial \phi}{\partial y_2} & \cdots & \dfrac{\partial \phi}{\partial y_n} \end{bmatrix} \\
&= \begin{bmatrix} \sum_i a_{i1} x_i & \sum_i a_{i2} x_i & \cdots & \sum_i a_{in} x_i \end{bmatrix} \\
&= X^T A
\end{aligned} \tag{A.10}$$

で表される。スカラー関数が対称行列 A;$(A^T = A)$ による X の2次形式

$$\phi = X^T A X = \sum_{i,j} a_{ij} x_i x_j \tag{A.11}$$

で表されている特殊な場合では，同様の議論で X による微分は

$$\frac{\partial \phi}{\partial X} = 2X^T A \tag{A.12}$$

となる。

B 最小二乗法

B.1 概　要

　すべての位置決定の計算では，観測データから位置座標を求めるときに最小二乗法が使われる。これの理解なくしては，位置決定はわからない。ここでは，位置決定の計算に必要な最低限の最小二乗法について説明しよう。

　位置の決定では，位置（座標）を求めるために角度や距離等のさまざまな観測を行う。位置決定の第一歩は，観測量と未知量である座標との関係式を明らかにすることである。

　三角測量の場合は，観測量はトランシットで測定した三角点を結ぶ基線相互の水平角である。三辺測量の場合の観測量は，測距儀で測った各基線長であり，GPS測量の場合は，例えば位相の観測値になる。未知量と観測量との関係式は，一般的には当該測量を説明する「数学モデル」と呼ばれている。

　この数学モデルにおいては，当然未知量をすべて決定するために必要な数の観測が行われなければならない。1つの例として位置の分かっている2つの基準点A，Bを使って第3の点Cの位置を求める場合を考えよう。問題を簡単にするため，AもBもCも同一平面上にあるとしよう。観測の誤差を無視すれば，点Cの位置座標を決定するためには，例えば2つの内角∠CAB，∠CBAを測定するか，2つの辺長CA，CBを測定すればよい。あるいは内角∠CABと辺長CAを測定してもよい。しかし，観測では誤差は不可避である。観測ミスは別にして，どんなに注意深く観測したとしても，観測誤差はある。そのため，実際にはたくさんの余剰観測を行い，たくさんの観測データから最も信頼性のある位置座標を推定するという方法がとられるのである。しかし，この観測値が誤差をもつということと，余剰の観測を行うということのために，数学的には矛盾が生じてしまう。例えば，内角∠CAB，∠CBAの他に∠ACBも測定した場合，これら3つの内角の

観測誤差と余剰観測

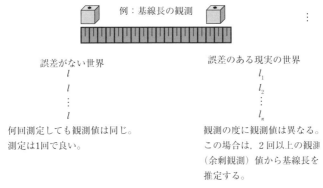

図-B.1 観測誤差と余剰観測の例

最小二乗法

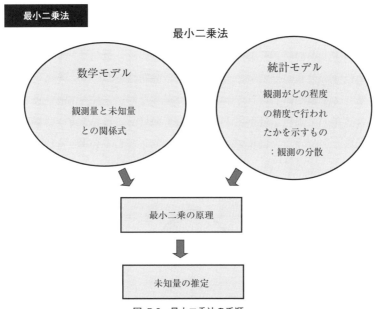

図-B.2 最小二乗法の手順

和は誤差のために必ずしも180°にはならない。数学的には，三角形の内角の和は180°にならなければいけないのに，である。このような矛盾のため，数学的には解（C点の座標値）が無数に存在する（解不定の状態）ことになる。他の観

測でも同様である。単純な距離観測の図を図-B.1 に示す。

　これを解決して，すべての観測値から最も望ましい未知量を推定する方法として考え出されたものが最小二乗法である。最小二乗法では，ガウスが統計的な考察から得た最小二乗の原理を使って，この解不定の問題を解くのである。最小二乗法では，観測量と未知量との関係を表す数学モデルと，観測がどのような精度で行われたのかを表す情報が必要になる。後者は観測の統計モデルとも呼ばれており，観測値の分散あるいは標準偏差で表される。最小二乗法は，この数学モデルと統計モデルが与えられた時に，最小二乗の原理を使って最も信頼性のある未知量を推定する手法である。

B.2　最小二乗の条件

　ここで，最小二乗の原理とそこから導かれる最小二乗の条件を簡単な例で見ておこう。

　一般に注意深い観測を，条件を変えずに多数回繰り返したとすると，観測値の振る舞いはその分布がガウス分布と呼ばれる分布に近づいていくことが知られている。そして，観測値がもしガウス分布に従うならば，最もありそうな未知量の推定値は誤差の二乗和を最小にするようなものであることをガウスは示し，最小二乗の条件と名付けた。現在では，観測値の分布として必ずしもガウス分布を仮

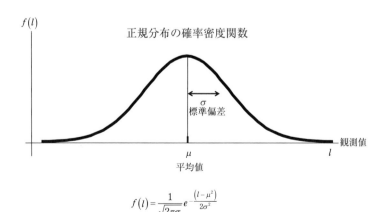

図-B.3　正規分布関数

定しているわけではないが，この最小二乗の条件は最良の推定法として広く用いられている。

今簡単な例として，距離を n 回観測し，観測値 $l_1, l_2, ... l_n$ が得られた場合を考えよう。各観測値 l_i は，それぞれ平均値 μ，分散 σ_i^2 の正規分布に従っているとする。すると l_i という値の観測値が得られる確率 P_i は，

$$P_i \propto \frac{1}{\sigma_i \sqrt{2\pi}} e^{-(l_i - \mu)^2 / 2\sigma_i^2} \tag{B.1}$$

である。

これから，距離測定により一連の観測値 $l_1, l_2, ..., l_n$ が得られる確率 P は

$$P \equiv P_1 \cdot P_2 \cdots\cdots P_n \propto \prod_{i=1}^{n} \left(\frac{1}{\sigma_i \sqrt{2\pi}} \right) e^{-(1/2) \left(\frac{(l_1 - \mu)^2}{\sigma_1^2} + \frac{(l_2 - \mu)^2}{\sigma_2^2} + \cdots + \frac{(l_n - \mu)^2}{\sigma_n^2} \right)} \tag{B.2}$$

となる。この確率 P は μ の値のとり方により変化するが，この確率を最大にするような μ の値が最も可能性の高い距離の推定値であると考える。したがって，確率 P を最大にするために，その指数部が最小でなければならないことから導かれる条件は，

$$\frac{(l_1 - \mu)^2}{\sigma_1^2} + \frac{(l_2 - \mu)^2}{\sigma_2^2} + \cdots + \frac{(l_n - \mu)^2}{\sigma_n^2} = \sum_{i=1}^{n} \frac{(l_i - \mu)^2}{\sigma_i^2} = \sum_{i=1}^{n} \frac{v_i^2}{\sigma_i^2} \equiv \text{最小} \tag{B.3}$$

ただし，$v_i = l_i - \mu$

となる。ここで，分散に反比例する観測の重み p_i を導入し，重みと分散の関係 $p_i \propto 1/\sigma_i^2$ を考慮すると，この条件は最終的に

$$\sum_{i=1}^{n} p_i (l_i - \mu)^2 = \sum_{i=1}^{n} p_i v_i^2 \equiv \text{最小} \tag{B.4}$$

と書ける。この最小二乗の条件は，見てきたように観測値の誤差（ばらつき）が正規分布に従っているという仮定に基づいて導き出されたものである。しかしながら，現在では観測値の確率分布に対して特別な仮定は設けない場合にもこの条件は広く用いられている。観測値が正規分布に従っていると仮定できれば，最小二乗法で得られるものは最も確からしい推定値（これは最尤推定値と呼ばれている）である。一方，観測値の確率分布に対して特別な仮定は設けない場合，最小二乗法による推定は，

① 線形の推定（linear）で，

② 統計的に偏りのない推定（unbiased）であり，かつ
③ 最良（best）の分散を与えるもの

であることが分かっている。このような推定を一般に"最良線形不偏推定"あるいは英語の頭文字をとってBLUE（Best Linear Unbiased Estimate）な推定と呼んでいる。

B.3　最小二乗法の定式化

以下最小二乗法を一般的に使えるようにするため，表記はすべて行列とベクトルの形で表すことにする。

観測量と未知量との関係，観測モデルが

$$L_a = f(X_a) : \begin{bmatrix} l_1 \\ l_2 \\ \vdots \\ l_n \end{bmatrix} = \begin{bmatrix} f_1(x_1, x_2, \cdots, x_n) \\ f_2(x_1, x_2, \cdots, x_n) \\ \vdots \\ f_n(x_1, x_2, \cdots, x_n) \end{bmatrix} \tag{B.5}$$

の形をしている場合を考える。

観測量 L_a は $n \times 1$ のベクトル，未知量 X_a は $u \times 1$ のベクトルでそれぞれ表される。

$$観測量：L_a = \begin{bmatrix} l_1 \\ l_2 \\ \vdots \\ l_n \end{bmatrix} \quad 未知量：X_a = \begin{bmatrix} x_1 \\ x_2 \\ \vdots \\ x_n \end{bmatrix} \tag{B.6}$$

最小二乗法は線形推定法として考え出されたので，最小二乗法が使えるように，初めに観測モデルは線形化しておく必要がある。

今観測量を実際の観測値と残差と呼ばれる量を使って

観測量 ＝ 観測値 ＋ 残差

$$L_a = L_{ob} + V \tag{B.7}$$

のように表そう。また未知量も

未知量 ＝ 概略値 ＋ 補正量

$$X_a = X_0 + X \tag{B.8}$$

と表す。すると残差も補正量も小さな量になり，観測モデル式はテイラー展開式で近似的に次のような線形の式にできる。

$$L_{ob} + V = f(X_0 + X) \cong f(X_0) + \left(\frac{\partial f}{\partial x}\right)_{x0} \cdot X \tag{B.9}$$

となり，これを次のように表そう。

$$V = AX - L \tag{B.10}$$

ここで

$$L = L_{ob} - f(X_0), \quad A = \left(\frac{\partial f}{\partial x}\right)_{x0} \tag{B.11}$$

とおいた。

$$V = \begin{bmatrix} v_1 \\ v_2 \\ \vdots \\ v_n \end{bmatrix} \tag{B.12}$$

は $n \times 1$ の残差ベクトルである。

この式は，観測方程式と呼ばれている。

最小二乗の条件と統計モデル（観測の分散）は，行列表記では下記のように表せる。

最小二乗の条件は，次のように表される。

$$V^T P V = \begin{bmatrix} v_1 & v_2 & \cdots & v_3 \end{bmatrix} \begin{bmatrix} p_1 & 0 & \cdots & 0 \\ 0 & p_2 & \cdots & 0 \\ \vdots & \vdots & \ddots & 0 \\ 0 & 0 & 0 & p_n \end{bmatrix} \begin{bmatrix} v_1 \\ v_2 \\ \vdots \\ v_n \end{bmatrix} = p_1 v_1^2 + p_2 v_2^2 + \cdots + p_n v_n^2 \equiv \min \tag{B.13}$$

観測の重み行列は，次のようになる。

$$P = \sigma_0^2 \Sigma_{L_{ob}}^{-1} = \sigma_0^2 \begin{bmatrix} 1/\sigma_1^2 & 0 & \cdots & 0 \\ 0 & 1/\sigma_2^2 & \cdots & 0 \\ \vdots & \vdots & \ddots & 0 \\ 0 & 0 & 0 & 1/\sigma_n^2 \end{bmatrix} = \begin{bmatrix} p_1 & 0 & \cdots & 0 \\ 0 & p_2 & \cdots & 0 \\ \vdots & \vdots & \ddots & 0 \\ 0 & 0 & 0 & p_n \end{bmatrix} \tag{B.14}$$

ここで，$\Sigma_{L_{ob}}$ は観測の分散共分散行列，σ_0^2 は基準分散と呼ばれる定数である。

これらを使って，最小二乗の原理を表現すると以下のようになる．

「観測値 L_{ob} とその分散共分散 $\Sigma_{L_{ob}}$ あるいは観測値の重み P が与えられた時，未知量 X の推定値のなかで，残差の重みつき二乗和を最小にする，すなわち $V^T PV \equiv$ 最小とするものが，最良の推定値となる」

次にこの最小二乗の原理を適用して未知量を求めてみよう．まず

$$\phi = V^T PV \tag{B.15}$$

とおいて，この V に観測方程式

$$V = A \cdot X - L \tag{B.16}$$

を代入すると

$$\begin{aligned}\phi &= V^T PV = (AX-L)^T P(AX-L)\\ &= (X^T A^T - L^T)(AX-L)\\ &= X^T A^T PAX - X^T A^T PL - L^T PAX + L^T PL\end{aligned} \tag{B.17}$$

である．最小二乗法の要請は，この ϕ を最小にする X が最良の推定値であるということである．ϕ は X に関する2次形式になっており，これが最小になる条件はその微分がゼロになることである．すなわち

$$\frac{\partial \phi}{\partial X} = 0 \tag{B.18}$$

でなければならない．

行列の微分を行うと

$$\begin{aligned}\frac{\partial \phi}{\partial X} &= 2X^T A^T PA - (A^T PL)^T - L^T PA\\ &= 2X^T A^T PA - 2L^T PA = 0\end{aligned} \tag{B.19}$$

となる．

ここで，行列の微分について，附章Aの次のような公式を使っている．

$$\frac{\partial Ax}{\partial x} = A, \quad \frac{\partial x^T A}{\partial x} = A^T, \quad \frac{\partial x^T Ax}{\partial x} = 2x^T A \tag{B.20}$$

得られた式の転置行列をとれば，正規方程式と呼ばれている X に関する方程式

$$A^T PAX = A^T PL \tag{B.21}$$

が得られる．これから，X の最小二乗推定値 $\hat{X}$ が，

$$\hat{X} = (A^T PA)^{-1} A^T PL \tag{B.22}$$

と求まり，未知量は

$$X_a = X_0 + \hat{X} \tag{B.23}$$

で与えられる．これを未知量の新たな概略値として，最小二乗計算を解が収束するまで繰り返す．

B.4 解の精度

解の精度については，次のようになる

観測モデル

$$L_a = f(X_a) : \begin{bmatrix} l_1 \\ l_2 \\ \vdots \\ l_n \end{bmatrix} = \begin{bmatrix} f_1(x_1, x_2, \cdots, x_n) \\ f_2(x_1, x_2, \cdots, x_n) \\ \vdots \\ f_n(x_1, x_2, \cdots, x_n) \end{bmatrix} \tag{B.24}$$

を線形化した式

$$L_{ab} + V = f(X_0 + X) \cong f(X_0) + \left(\frac{\partial f}{\partial x}\right)_{X0} \cdot X \tag{B.25}$$

ふたたび次のように表す．

$$V = AX - L \tag{B.26}$$

ここで，$L = L_{ob} - f(X_0)$，$A = \left(\dfrac{\partial f}{\partial x}\right)_{X0}$ である．

観測の統計モデルは

$$\Sigma_{L_{ob}} = \begin{bmatrix} \sigma_1^2 & \sigma_{12} & \cdots & \sigma_{1n} \\ \sigma_{21} & \sigma_2^2 & \cdots & \sigma_{2n} \\ \vdots & \vdots & \ddots & \vdots \\ \sigma_{n1} & \sigma_{n2} & \cdots & \sigma_n^2 \end{bmatrix} \tag{B.27}$$

で与えられている．

未知量の最小二乗解

$$X = X_0 + \hat{X} = X_0 + (A^T P A)^{-1} A^T P L \tag{B.28}$$

の L の中に観測量 L_{ob} が含まれているから，これに誤差伝搬の法則を適用すると観測誤差が最小二乗解に及ぼす影響を計算できる．

最小二乗解を書き直すと
$$\hat{X} = (A^TPA)^{-1}A^TPL_{ob} - (A^TPA)^{-1}A^TPf(X_0) \tag{B.29}$$
となる。
　一般に誤差伝搬公式は
成果 Z と観測量 L との関係式
$$Z = AL + B \tag{B.30}$$
が与えられたとき，成果の精度（分散）は
$$\sum\nolimits_Z = A \sum\nolimits_L A^T \tag{B.31}$$
で与えられる。これを適用すると，最小二乗推定値の精度を表す分散 $\Sigma_{\hat{X}}$ は
$$\sum\nolimits_{\hat{X}} = \left((A^TPA)^{-1}A^TP\right) \cdot \sum\nolimits_{L_{ob}} \cdot \left((A^TPA)^{-1}A^TP\right)^T \tag{B.32}$$
となる。これを
$$P = \sigma_0^2 \sum\nolimits_{L_{ob}}^{-1} \tag{B.33}$$
であることに留意して整理すれば
$$\begin{aligned}\sum\nolimits_{\hat{X}} &= \left(A^TPA\right)^{-1}A^TP \cdot \sigma_0^2 P^{-1} \cdot PA\left(A^TPA\right)^{-1}\\ &= \sigma_0^2\left(A^TPA\right)^{-1}\end{aligned} \tag{B.34}$$
あるいは，
$$\sum\nolimits_{\hat{X}} = \left(A^T \sum\nolimits_{L_{ob}}^{-1} A\right)^{-1} \tag{B.35}$$
となることが確かめられよう。したがって，未知量の最小二乗推定値の分散は，観測値の分散（絶対精度）が分かっていれば
$$\sum\nolimits_{\hat{X}} = \sigma_0^2\left(A^TPA\right)^{-1} \tag{B.36}$$
で計算できる（分散が分かっている場合，重み P も基準分散 σ_0^2 も既知である）。
もし，観測の重み（相対精度）P しか分かっていない場合は，
$$\sum\nolimits_{\hat{X}} = \sigma_0^2\left(A^TPA\right)^{-1} \tag{B.37}$$
に含まれる基準分散 σ_0^2 を，推定する必要がある。この基準分散の推定値は
$$\hat{\sigma}_0^2 = \frac{\hat{v}^TP\hat{v}}{n-u} \tag{B.38}$$
で与えられる（詳細は別著『観測と最小二乗法』参照）。

B.5 まとめ

最後に最小二乗法の式をまとめて示す。

観測モデル　　　$L_a = f(X_a)$ 　　　　　　　　　　　　　　　　　　　　　　(B.39)

ただし，観測量：$L_a = L_{ob} + V$，未知量：$X_a = X_0 + X$

統計モデル　　観測の分散：$\sum_{L_{ob}}$，観測の重み：$P = \sigma_0^2 \sum_{L_{ob}}^{-1}$ 　　　(B.40)

観測方程式　　　$V = AX - L$ 　　　　　　　　　　　　　　　　　　　　　　(B.41)

ただし，ここで，$L = L_{ob} - f(X_0)$，$A = \left(\dfrac{\partial f}{\partial x}\right)_{X_0}$

最小二乗解：$X_a = X_0 + \hat{X} = X_0 + (A^T P A)^{-1} A^T P L$ 　　　　　　　　(B.42)

解の精度：$\sum_{\hat{X}} = \hat{\sigma}_0^2 (A^T P A)^{-1}$ 　　　　　　　　　　　　　　　　　　(B.43)

◎参考文献

GNSS 入門書
1) GNSS 測量の基礎（日本測量協会），土屋淳，辻宏道
2) Introduction to GPS(Artec House)2nd Edition，Ahmed El-Rabbany

GNSS 専門書
3) GPS 理論と応用（丸善出版），ホフマン-ウェレンホフ他
4) GNSS のすべて（古今書院），リヒテンエッガ他
5) GPS Satellite Surveying (John Wiley & Sons) 3rd Edition, Alfred Leick
6) Basics of the GPS Technique：Observation Equation:Geodetic Application of GPS (Swedish Land Survey)．Geoffrey Blewwitt
7) GPS Theory,Algorithms and Applications (Springer)．Guochang Xu
8) GPS for Geodesy (Springer Verlag) 2nd Edition, P.Teunissen, A.Kleusberg
9) Understanding GPS Principles and Application (Artec House) 2nd Edition, E.D.Kaplan

GNSS 関連の測地学図書
10) 図説測地学の基礎―地球上の位置の決定（日本測量協会），西修二郎
11) 物理測地学（シュプリンガージャパン），ホフマン-ウェレンフフ他
12) Geodesy (Walter De Gruyter) 3rd Edition, Wolfgang Torge

最小二乗法の入門書
13) 観測と最小二乗法（技報堂出版），西修二郎

索　　引

■あ行

アンテナ位相中心変動　　49, 51, 52
アンビギュイティー　　37, 40, 42, 44, 45,
　　46, 47, 60, 61, 68, 69, 70, 85

位相擬似距離　　35, 38, 57, 60, 65
位相速度　　54, 56, 57
位相変調　　8

衛星軌道誤差　　49
衛星時計誤差　　30, 35, 38, 49, 50
エポック　　40, 41, 42, 43, 44, 47, 66

■か行

概略暦　　6
仮想基準点　　69, 70
ガリレオ　　83, 85, 87, 88, 89, 90
ガリレオ計画　　87, 88
管制局　　1, 2, 50, 73, 75
乾燥空気　　61
観測方程式　　29, 30, 31, 32, 38, 41, 42,
　　43, 44, 60, 107, 108, 111

幾何学的な影響を受けない線形結合　　68, 70
擬似雑音符号　　4
軌道傾斜角　　23, 24, 86, 88
軌道情報　　2, 4, 6, 21
軌道要素　　1, 5, 14, 19, 20, 21
基本観測式　　40, 65, 66, 67
逆拡散　　10
近地点　　16, 19, 23
近地点引数　　19, 23

群速度　　54, 55, 56, 57

■

ケプラー軌道　　16, 19, 20
ケプラーの第1法則　　16
ケプラーの第2法則　　15
ケプラーの第3法則　　17, 18

航法メッセージ　　2, 4, 5, 6, 10, 14, 21,
　　22, 23, 24, 25, 29, 30, 50, 53, 59
コード擬似距離　　27, 28, 29, 30, 57, 65

■さ行

最終暦　　50
最小二乗法　　30, 31, 32, 41, 42, 44, 61,
　　93, 102, 104, 105, 106, 108, 111
サブフレーム　　5, 6, 21

ジオイド　　76, 77, 79, 80
自己相関　　11, 12, 29
修正 Hopfield モデル　　62
自由電子数　　53, 57, 58
自由電子密度　　56, 57, 58, 59
受信機時計誤差　　30, 31, 38, 49, 50
準拠楕円体　　75, 76, 77, 79, 86
昇交点赤経　　19, 23, 24
真近点離角　　17, 19, 22, 23

スペクトル拡散　　8, 9, 10, 55
数学モデル　　40, 42, 102, 104

正規方程式　　108
整数値アンビギュイティー　　37, 40, 44, 45,
　　46, 47, 85
正標高　　76, 77
摂動　　20, 21, 23

113

索　引

相関係数　　10, 11, 12
相対測位　　27, 38, 41, 44, 46, 47, 50, 52, 54, 62, 75
測地緯度　　77, 78, 79
測地基準系　　75, 76
測地経度　　77, 78, 79
測地座標　　75, 77
速報暦　　50

■た行

対流圏　　59, 61, 62, 64, 65, 66, 67, 68, 70, 71
対流圏遅延　　61, 62, 64, 67, 68
楕円体高　　77, 79
楕円体座標　　75, 77
単一層モデル　　58
単独測位　　27, 29, 30, 32, 34, 38, 40, 44, 54, 62, 67, 68, 69, 75, 85
地球重心座標系　　73, 75
地磁気緯度　　59
地磁気極　　59
超速報暦　　50
長半径　　16, 18, 19, 21, 86

天頂湿潤遅延　　63
天頂静水圧遅延　　63
伝播遅延誤差　　50
電離層　　6, 47, 49, 50, 52, 53, 54, 56, 57, 58, 59, 60, 61, 65, 66, 67, 68, 70, 71, 84, 85
電離層貫通点　　58, 59
電離層屈折　　53
電離層遅延　　6, 53, 54, 56, 57, 58, 59, 60, 66, 67, 68
電離層の影響を受けない線形結合　　67, 68, 70, 85
東京湾平均海面　　76, 78, 79

■な，は行

二重位相差　　40, 41, 42, 44, 47, 54, 75
ネットワーク型RTK　　65, 68, 70
搬送波　　2, 4, 6, 8, 10, 25, 26, 27, 34, 35, 36, 54, 56, 60, 84, 85, 86, 87, 89, 90
ビート位相　　36, 37
ビット列　　11
標準大気　　64

フィックス解　　45
フロート解　　44
ブロックⅠ　　2
ブロックⅡ　　2
ブロックⅡA　　2
ブロックⅡR　　2
ブロックⅢ　　2
分散　　33, 54, 61, 70, 104, 105, 106, 107, 110

平均角速度　　18, 21
平均近点離角　　18, 22
平面直角座標
平面補間
ヘルス情報
変調波　　8

放送暦　　4, 6, 14, 21, 49, 50, 87

■ま，ら，わ行

マッピング関数　　63, 64
マルチパス誤差　　49, 51

メインフレーム　　5, 6
面補正パラメータ　　69, 71

リアルタイムキネマティック　　46, 47
離心近点離角　　17, 19, 22
離心率　　16, 19, 78

索　引

■英数字

2位相変調　　4

C/A コード　　4, 10, 11, 12, 86

FKP　　68, 69, 70, 71

GIM　　59
GPS衛星　　1, 2, 4, 5, 6, 9, 10, 13, 14, 18,
　20, 21, 24, 25, 26, 27, 29, 30, 34, 49,
　50, 51, 52, 53, 57, 64, 73, 75, 90
GPS近代化　　2, 83, 84, 85
GRS80　　75
GTRF　　90

Hopfield モデル　　62

ICD　　6
IERS　　73, 75, 80, 86
ITRF94　　75, 76

JPO　　1

Klobuchar モデル　　53, 58, 59

Niell のマッピング関数　　63

OTF　　46, 47

P コード　　4, 84, 85, 86
PCV 補正　　52
PRN　　4, 10

RTK　　46, 47, 65, 68, 69, 70, 71, 85

TRANSIT　　1, 73

VRS　　68, 69, 70

W コード　　4, 84
WGS84　　19, 21, 23, 24, 29, 73, 74, 75, 76

Y コード　　4, 84

115

著者略歴

西　修二郎（にし　しゅうじろう）

1949年大分県杵築市生まれ
東京教育大学理学部応用物理学科卒業後
1973年国土交通省国土地理院に入省
1977～1978に在外研究員としてオハイオ州立大学大学院留学
その後，計画課長，関東地方測量部長，測地観測センター長を経て
2003年退官
つくば在住
ホームページ：（涅槃西風）：http://nishishu.net

著書
図説測地学の基礎（日本測量協会）2006年
図説GPS（日本測量協会）2007年
観測と最小二乗法（技報堂出版）2010年

訳書
GPS理論と応用（丸善出版）2005年
物理測地学（丸善出版）2006年
GNSSのすべて（古今書院）2010年

衛星測位入門－GNSS測位のしくみ－
2016年2月29日　1版1刷発行　　　　定価はカバーに表示してあります。
　　　　　　　　　　　　　　　　　ISBN 978-4-7655-1831-4 C3051

著　者　西　　修　二　郎
発行者　長　　　滋　彦
発行所　技報堂出版株式会社

〒101-0051　東京都千代田区神田神保町1-2-5
電　話　営　業　(03) (5217) 0885
　　　　編　集　(03) (5217) 0881
　　　　Ｆ Ａ Ｘ　(03) (5217) 0886
振替口座　00140-4-7720
Ｕ Ｒ Ｌ　http://gihodobooks.jp/

日本書籍出版協会会員
自然科学書協会会員
土木・建築書協会会員
Printed in Japan

© Syujiro Nishi，2016
落丁・乱丁はお取り替えいたします。

装丁　ジンキッズ　　印刷・製本　三美印刷

JCOPY　＜(社)出版者著作権管理機構　委託出版物＞

本書の無断複写は著作権法上での例外を除き禁じられています。複写される場合は，そのつど事前に，(社)出版者著作権管理機構（電話：03-3513-6969，FAX：03-3513-6979，E-mail：info@jcopy.or.jp）の許諾を得てください。